Proceedings

Ein stetig steigender Fundus an Informationen ist heute notwendig, um die immer komplexer werdende Technik heutiger Kraftfahrzeuge zu verstehen. Funktionen, Arbeitsweise, Komponenten und Systeme entwickeln sich rasant. In immer schnelleren Zyklen verbreitet sich aktuelles Wissen gerade aus Konferenzen, Tagungen und Symposien in die Fachwelt. Den raschen Zugriff auf diese Informationen bietet diese Reihe Proceedings, die sich zur Aufgabe gestellt hat, das zum Verständnis topaktueller Technik rund um das Automobil erforderliche spezielle Wissen in der Systematik der Konferenzen und Tagungen zusammen zu stellen und als Buch in Springer.com wie auch elektronisch in SpringerLink und Springer Professional bereit zu stellen.

Die Reihe wendet sich an Fahrzeug- und Motoreningenieure sowie Studierende, die aktuelles Fachwissen im Zusammenhang mit Fragestellungen ihres Arbeitsfeldes suchen. Professoren und Dozenten an Universitäten und Hochschulen mit Schwerpunkt Kraftfahrzeug- und Motorentechnik finden hier die Zusammenstellung von Veranstaltungen, die sie selber nicht besuchen konnten. Gutachtern, Forschern und Entwicklungsingenieuren in der Automobil- und Zulieferindustrie sowie Dienstleistern können die Proceedings wertvolle Antworten auf topaktuelle Fragen geben.

Weitere Bände in der Reihe http://www.springer.com/series/13360

Alexander Piskun
(Hrsg.)

Karosseriebautage Hamburg 2018

16. ATZ-Fachtagung

Springer Vieweg

Hrsg.
Prof. Alexander Piskun
HAW Hamburg
Fakultät Technik und Informatik
Hamburg, Deutschland

ISSN 2198-7432 ISSN 2198-7440 (electronic)
Proceedings
ISBN 978-3-658-22037-2 ISBN 978-3-658-22038-9 (eBook)
https://doi.org/10.1007/978-3-658-22038-9

Die Deutsche Nationalbibliothek verzeichnet diese Publikation in der Deutschen Nationalbibliografie; detaillierte bibliografische Daten sind im Internet über http://dnb.d-nb.de abrufbar.

Springer Vieweg

Springer Vieweg ist ein Imprint der eingetragenen Gesellschaft Springer Fachmedien Wiesbaden GmbH und ist ein Teil von Springer Nature
Die Anschrift der Gesellschaft ist: Abraham-Lincoln-Str. 46, 65189 Wiesbaden, Germany

HERZLICH WILLKOMMEN

Die Gewichtszunahme durch elektrifizierte Antriebe und die strikten Vorgaben an den Emissionsausstoß von Verbrennungsmotoren erfordern von Karosseriebauern die Entwicklung leichter Karosserien. Dabei gewinnt die Multimaterialbauweise weiter an Bedeutung. Sie stellt die Ingenieure jedoch vor neue Herausforderungen: Etablierte Ansätze der Entwicklungsmethodik verändern sich, es werden neue Konzepte für die Verbindungstechnik benötigt und die Qualitätssicherung wird aufwendiger.

Weiterhin fordert die veränderte Fahrzeugnutzung – etwa in verkehrsbelasteten Innenstädten – neue, angepasste Fahrzeugkonzepte. Doch nicht nur die Anforderungen werden anspruchsvoller, auch die verfügbaren Werkzeuge werden leistungsfähiger. So entwickelt sich etwa die additive Fertigung von der Nischentechnologie zum ernstgenommenen Fertigungsverfahren, das auch dem Karosseriebau neue Möglichkeiten eröffnet.

Die 16. Karosseriebautage Hamburg finden am 8. und 9. Mai 2018 in einer neuen Örtlichkeit in der Hansestadt statt: im Grand Elysée Hotel nahe der Alster. Sie verstehen sich als Informations- und Kommunikationsplattform für Karosserieentwickler bei OEMs, Zulieferern, Dienstleistern und für die entsprechenden Studiengänge an Hochschulen.

Im Namen des Wissenschaftlichen Beirats heißen wir Sie herzlich in Hamburg willkommen. Informieren Sie sich über die aktuellsten Themen und erweitern Sie Ihr Netzwerk!

Für den Wissenschaftlichen Beirat

Prof. Alexander Piskun
HAW Hamburg
Leiter Wissenschaftlicher Beirat

Wolfgang Siebenpfeiffer
Herausgeber ATZ | MTZ | ATZelektronik | lightweight.design

INHALT

MULTIMATERIALBAUWEISE

KOMPONENTEN

QUALITÄTSSICHERUNG

MOBILITÄT DER ZUKUNFT

ADDITIVE FERTIGUNG

ENTWICKLUNGSMETHODIK

FAHRZEUGKONZEPTE I

FAHRZEUGKONZEPTE II

Fehlende Beiträge der Tagung wurden nicht zur Veröffentlichung freigegeben.

REFERENTEN

Dr. Frank Breitenbach
EDAG Production Solutions GmbH & Co. KG

Oğuzhan Eroğlu
BMW Group

Jens Fischer
Opel Automobile GmbH

Manuel Gaytan
Siemens Industry Software GmbH

Dr. Martin Hillebrecht
EDAG Engineering GmbH

Dr. Roland Krivachy
MAN Truck & Bus AG

Steffen K. Kroll
Volkswagen AG

Prof. Dr. Alexander Müller
Fakultät Fahrzeugtechnik, Hochschule Esslingen

Marco Nickel
Opel Automobile GmbH

Michael Pielen
share2drive GmbH

Markus Reisinger
EDAG Engineering GmbH

Uwe Reske
IAV GmbH

Prof. Dr. Thilo Röth
Labor für Automobiltechnik, FH Aachen / Imperia Gesellschaft für angewandte Fahrzeugentwicklung mbH

Martin Seuffert
MAN Truck & Bus AG

Dr. Johannes Siegmann
Opel Automobile GmbH

Dr. Heinz Soja
Dr. Ing. h.c. F. Porsche AG

Simon Steff
MAN Truck & Bus AG

Peter Thomas
Dr. Ing. h.c. F. Porsche AG

Shahan Tutunjian
BMW Group

Andreas Ullrich
AUDI AG

Prof. Dr. Volkher Weißermel
Department Fahrzeugtechnik und Flugzeugbau, HAW Hamburg

MULTIMATERIALBAUWEISE

Automatisierte flexible Verbindungstechnik für thermoplastische und duroplastische Faserverbundwerkstoffe im Materialmischbau

Dipl.-Ing. Oğuzhan Eroğlu, BMW Group
MSc. Shahan Tutunjian, BMW Group
Dipl.-Ing. Thomas Forstner, BMW Group
Dr.-Ing. Fabian Fischer, BMW Group

1 Werkstoffe im Karosseriebau

Moderne Karosserien bestehen heute mehr denn je aus einer Vielzahl unterschiedlichster Werkstoffe. War in den frühen 1990er Jahren Stahl in seiner „altbekannten“[1] Ausführung noch der dominierende Werkstoff, so nahm die Stahlentwicklung in Richtung hoch- und höchstfester Güten mit Ende desselben Jahrzehnts auch im Karosseriebau Einzug (vgl. Abbildung 1.1).

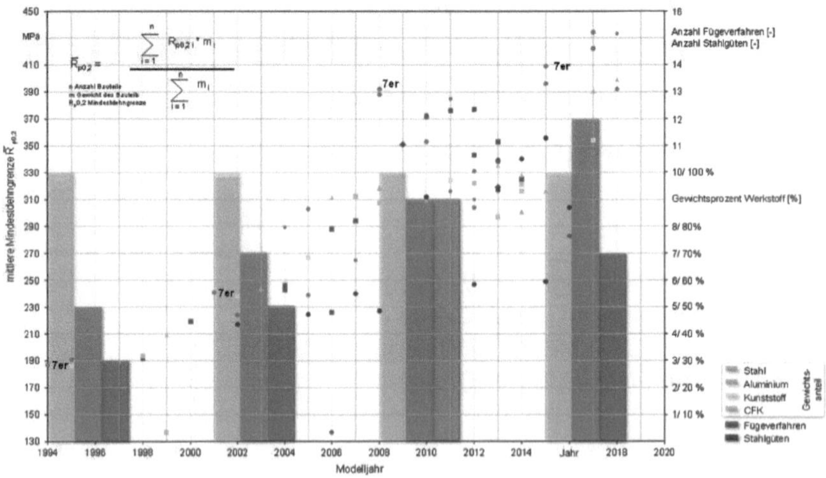

Abbildung 1.1: Entwicklung der Festigkeiten über die Modelljahre, sowie Stahlgüten, Werkstoffvielfalt und Fügeverfahren am Beispiel der BMW 7er Baureihe seit 1994

Die Verwendung dieser neuen Werkstoffe war im ersten Schritt von ihrer Entwicklung und der industriellen Verfügbarkeit als Rohmaterial abhängig. Viel wesentlicher als die Verfügbarkeit jedoch, wird die Einsetzbarkeit jedes Werkstoffs durch den zweiten Schritt bestimmt – die Verbindungstechnik. Dem Grundsatz *ohne geeignete Verbindungstechnik ist jeder Werkstoff unbrauchbar* müssen sich natürlicher Weise auch alle Karosseriebauwerkstoffe ergeben. Folgerichtig steigt mit zunehmender Werkstoffvielfalt die Anzahl notwendiger und eingesetzter Verbindungstechniken.

Nachdem Werkstoffe und Verbindungstechniken in ihrem Reifegrad (= technisch physikalisches Prozessverständnis) und ihrer Vielfältigkeit stetig zunehmen und in modernen Karosserien Verwendung finden, ergeben sich im Kontext des modernen

1 “altbekannt“ als synonym für heutige Basisstähle mit Festigkeiten < 250 MPa

Karosseriebaus weitere Anforderungen. Der Automatisierungsgrad des Prozesses zur Verbindungstechnik bestimmt heute ebenso wie der Reifegrad der Verbindungstechnik über Einsatz oder Verwerfung derer. Hinzu kommen weitere Prämissen für den modernen Karosseriebau als Produktionsstätte wie die Flexibilität und Prozessfähigkeit der eingesetzten Prozesse.

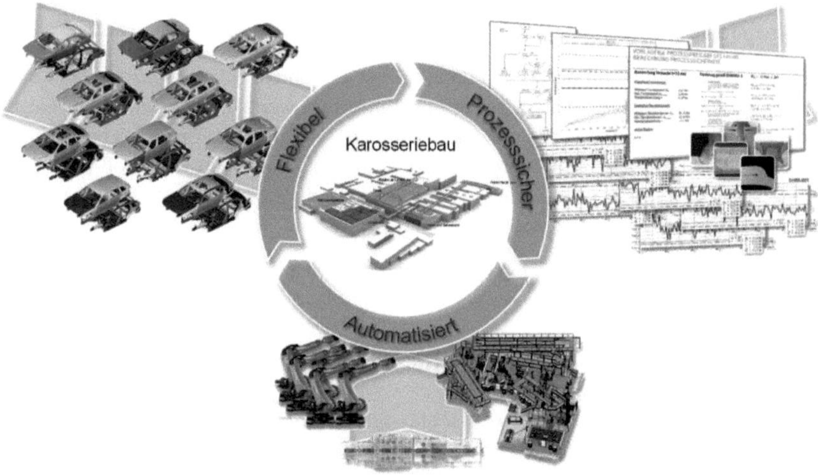

Abbildung 1.2: Anforderungen eines modernen Karosseriebaus an die Verbindungstechnik

Im folgenden Artikel werden drei Verbindungstechniken vorgestellt, die unter dem Anspruch *für einen modernen Multi-Material-Karosseriebau* geeignet entwickelt wurden.

Allen Verfahren ist gemein, dass sie hochgradig automatisierbar sind, einem neuen Werkstoff den Einzug in den Karosseriebau ermöglichen, flexibel in ihrer produktionstechnischen Umsetzung sind und dabei die notwendige Prozessfähigkeit erfüllen, um hohe Anlagenverfügbarkeiten zu erreichen.

2 Kraftschlüssige Verbindung zur Realisierung einer Verschraubung in duroplastischen Faserverbunden

Als Stand der Technik von Fügeverfahren für endlosfaserverstärkte durplastische Kunststoffe gelten heute hauptsächlich mechanische Verbindungen. In der Regel handelt es sich dabei um formschlüssige Verfahren wie beispielsweise Nietelemente oder klemmende Verschraubungen. [1]

Eine weitere Möglichkeit der Verbindung zweier oder mehr Fügepartner stellen kraftschlüssige Verbindungen dar. Diese erfüllen aufgrund werkstoffphysikalischer Gegebenheiten bisher bei Faserverbunden nur sekundäre Funktionen (Formschluss= primäre Funktion, Kraftschluss= sekundäre Funktion). So wird durch ein Übermaß der Fügepartner ein spezifischer, sehr niedriger Kraftschluss eingestellt, der das Fatigue-Verhalten formschlüssiger Verbindungen verbessert [2].

Nachfolgend wird die Anwendung einer, rein auf Kraftschluss basierender Verbindung vorgestellt.

2.1 Herstellung einer kraftschlüssigen Verbindung

Die prinzipielle Umsetzung einer kraftschlüssigen Verbindung (= Pressverbindung) ist in Abbildung 2.1 dargestellt.

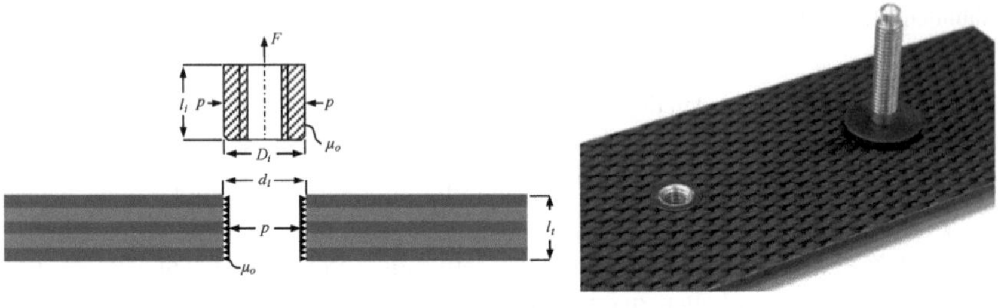

Abbildung 2.1: Fügeprinzip einer kraftschlüssigen Verbindung (links) realisierte Pressverbindung mit Bolzen- und Buchsenelement (rechts)

Der Gesamtprozess wird ohne Voroperationen am Bauteil wie z.B. Oberflächenvorbehandlungen, in zwei Schritte unterteilt:

1. Bohrlocherstellung
2. Einpressen

Im Rahmen der Bohrlocherstellung ist insbesondere der laminare Aufbau des Faserverbundes zu berücksichtigen. Unter Beachtung des spezifischen Aufbaus, bestehend aus unterschiedlich angeordneten Einzellagen ist der Bohrprozess für ein optimales Resultat spezifisch zu gestalten. Bohrparameter wie Vorschub, Drehzahl und Bohrergeometrie sind auf die jeweilige Halbzeug-Art wie zum Beispiel Gelege, Gewebe oder Geflecht anzupassen. Basierend auf der quantitativen (gemessene Lochgeometrie) und qualitativen (bewertete Beschädigungen) Untersuchung der erstellten Bohrlöcher können ideale Bohrparameter für spezifische Halbzeuge abgeleitet werden. Die aus den Bohrparametern resultierende Bohrkraft stellt dabei die zu bewertende Zielgröße dar.

Nach erfolgter Bohrlocherstellung wird das Einpresselement gesetzt. Aktuell kann wahlweise ein Bolzen- oder Buchsenelement gesetzt werden. Analog zum Bohrprozess stellt der spezifische Laminataufbau auch für die Pressung einen wesentlichen Gestaltungsfaktor dar. Hinzukommt die Definition eines geeigneten Übermaß, zur Einstellung der erforderlichen Funktion. Das Mindestübermaß wird durch die minimale Auszugskraft vorgegeben, wohingegen das Maximalübermaß durch Beschädigungen des Laminats definiert wird. Als Zielgröße für die Pressung kann die Einpresskraft herangezogen werden, anhand derer eine Bewertung des Einpressprozesses möglich ist.

Basierend auf den Tastversucher zur Erzeugung der Pressung wurden Optimierungen an Parameter und Oberflächen der Presspartner vorgenommen. Abbildung 2.2 zeigt eine abgeleitete Masterkurve, die es im Serienprozess ermöglicht, noch während des Pressvorgangs die Verbindung zu bewerten oder aber den Pressprozess zu regeln.

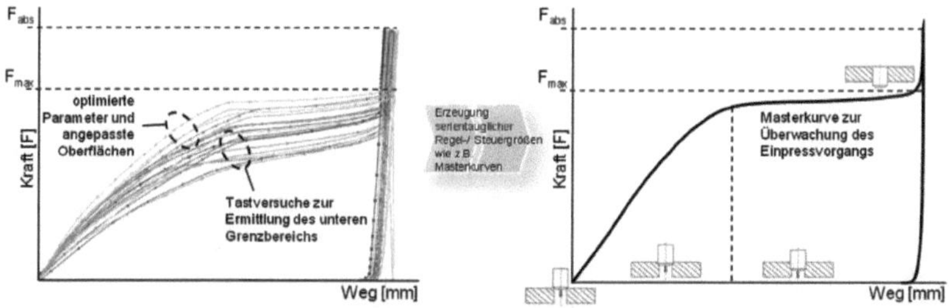

Abbildung 2.2: Einpresskräfte aus Tastversuchen und optimierte Parameter (links) abgeleitete Masterkurven zur Prozessüberwachung (rechts)

2.2 Auszugskräfte und Prozesssicherheit

Durch Zylindrizität, Rundheit, Übermaß sowie die Oberfläche können die Verbindungsfestigkeit und das Versagensmuster präzise bestimmt werden. Abhängig vom spezifischen Anwendungsfall wie z.B. Laminataufbau, Laminatdicke und Gewindegröße kann somit eine empirische Abschätzung der zu erwartenden Verbindungsfestigkeit getroffen werden.

Wie alle Fügeprozess im automatisierten Karosseriebau muss auch dieser Prozess den zugrundeliegenden Fähigkeitskriterien genügen. Zur Bewertung der Prozessfähigkeit werden die Auszugskurven jeder Verbindung in drei Bereichen ausgewertet und Fähigkeitskennzahlen berechnet. Der erste Bereich entspricht der Verbindungssteifigkeit vor Erreichen der Maximalkraft, m_{iS}. Die Maximalkraft F_A stellt den zweiten Punkt dar, bevor der Abfall der Auszugskraft m_{iA} ebenfalls bewertet wird.

Abbildung 2.3 zeigt die Auszugskurven einer 21er Stichprobe sowie die jeweiligen Fähigkeitskennzahlen. Unter Berücksichtigung der Stichprobengröße und Anpassung der Grenzwerte ist der abgebildete Prozess als fähig einzustufen. Dargestelltes Beispiel entspricht einer Verbindung aus 3.3 mm UD-Laminat mit M6 Bolzenelement und Bohrlochdurchmesser von 9,3 mm.

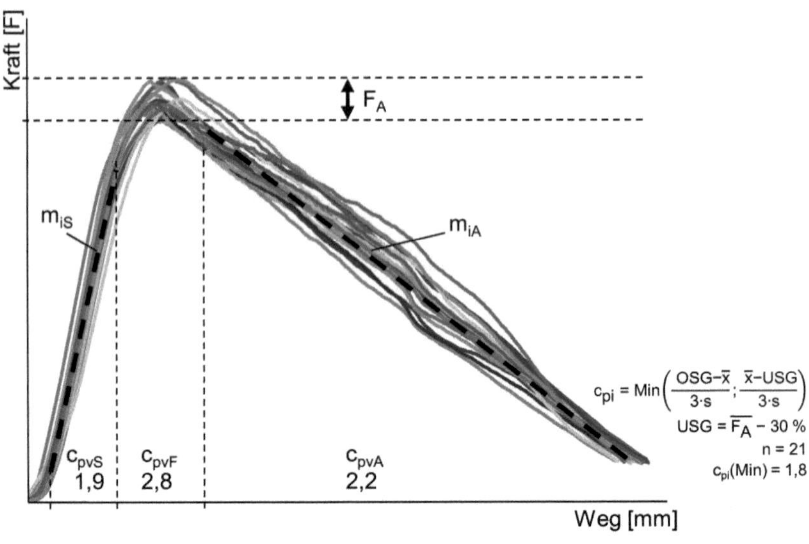

Abbildung 2.3: Auszugskraftkurven mit Fähigkeitskennzahlen

3 Induktionsfügen von CFK und Mischverbindungen

Die Verwendung thermoplastischer Kunststoffe als Matrixsysteme bei Faserverbund Kunststoffen hingegen ermöglicht neben der mechanischen Verbindungstechnik und dem Kleben die Anwendung verschiedener Schmelzschweißverfahren. Die Energieeinbringung durch induktive Erwärmung stellt eine bauteilflexible Möglichkeit dar.

Das Verfahren gliedert sich in zwei Prozessschritte die kontinuierlich verknüpft sind. Der erste Prozessschritt muss die Plastifizierung des Kunststoffes an der Fügefläche sein [3]. Dies wird durch die Energieeinbringung in den Kunststoff bis zur Schmelztemperatur T_S erreicht. Der Schweißvorgang, und der somit erfolgende Stoffschluss, kann nur in dem von Thermoplasten abhängigen Temperaturbereich zwischen Schmelztemperatur T_S und der Zersetzungstemperatur T_Z stattfinden.

Während des Induktionsfügens wird die thermische Energie zur Plastifizierung der thermoplastischen Matrix durch ein alternierendes elektromagnetisches Feld erzeugt. Hierbei muss sich die zu verbindende Werkstoffpaarung im Wirkbereich des elektromagnetischen Feldes befinden und ein elektrischer Leiter enthalten sein. Liegen diese Bedingungen vor, wirken die durch eine mit Wechselstrom beaufschlagte Kupferspule (Induktor) erzeugten elektromagnetischen Felder auf den Werkstoff. Innerhalb des elektrisch leitfähigen Mediums im Werkstoff entstehen Wirbelströme welche durch deren Verluste thermische Energie im Werkstoff freisetzen. Nach Yarlagadda [4] tragen die folgenden drei Verlustarten zur Plastifizierung der Matrix durch die Erwärmung der Kohlenstofffaser bei:

- Ohm`sche Verluste innerhalb der Kohlenstofffaser
- Übergangswiederstände zwischen den Faserfilamenten und Rovings
- Dielektrische Verluste zwischen den isolierten Faserfilamenten

Neben der Plastifizierung ist für die Herstellung einer stoffschlüssigen Verbindung zwischen dem Matrixwerkstoff der Fügepartner die Rekonsolidierung im Bereich der plastifizierten Fügepartner notwendig. Erst mit diesem zweiten Prozessschritt wird eine Verbindung erzeugt, die in der Lage ist Kräfte zu übertragen.

3.1 Prozessdarstellung – kontinuierliches Induktionsfügen

Ein bedeutender Vorteil des Induktionsfügens ist die Realisierung eines kontinuierlichen bahnförmigen Verbindungsverfahrens. Zur Umsetzung dessen ist ein Aufbau der prozessabhängigen Komponenten in einer Fügeeinheit notwendig. In Abbildung 3.2 ist die Anordnung der Komponenten mit den entsprechenden Phasen während der Herstellung einer Verbindung dargestellt.

Für die Erzeugung einer Verbindung mit reproduzierbaren Festigkeiten und einer entsprechend gleichbleibenden äußerlichen Erscheinung sind eine konstante Plastifizierungstemperatur und ein konstanter Fügedruck nötig. Dies muss bei teils großen werkstoffbedingten Schwankungen der Ausgangsbedingungen erfolgen. Die Plastifizierung erfolgt über eine Regelung der Oberflächentemperatur unmittelbar nach der Erwärmungszone, der konstante Fügedruck wird durch eine taktile Kraftregelung der Konsolidierungsrolle dargestellt.

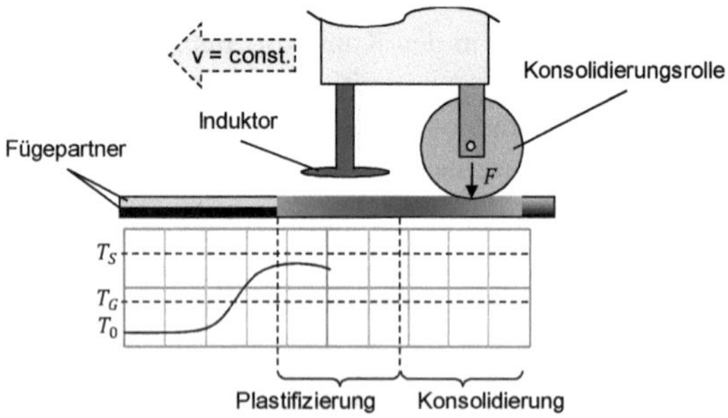

Abbildung 3.2: Phasen des Induktionsfügens und Temperaturverlauf des kontinuierlichen Fügeprozesses (li). Herausgetrennte Zug-Scher-Probe aus einer kontinuierlichen Schweißnaht zwischen werkstoffreinen PA66-CF verschiedener Faserarchitekturen (re).

Je nach zu verarbeitendem Polymer hat der Temperaturverlauf während der Plastifizierung und insbesondere während der Abkühlung einen entscheidenden Einfluss auf die erreichbare Verbindungsfestigkeit. Ein entsprechender Temperaturverlauf und den zugehörigen Phasen ist in Abbildung 3.2 zu sehen.

3.2 Verbindungsfestigkeit und Voroperationen

Zur Herstellung von stoffschlüssigen Verbindungen von thermoplastischen Faserverbund Kunstoffen ist keinerlei Oberflächenvorbehandlung notwendig. Lediglich die Geometrie und die Abmessung des Fügeflansches haben Einfluss auf die Qualität der Plastifizierung und somit auf die herstellbare Verbindungsfestigkeit.

Wird das Induktionsfügen zur Herstellung von Materialmischverbindungen verwendet, hat die Art der Oberflächenvorbehandlung des metallischen Fügepartners einen entscheidenden Einfluss auf die Verbindungsfestigkeit.

3.3 Prozessstabilität des Induktionsfügens

Bei der Betrachtung des kontinuierlichen Induktionsfügens werden hier zwei Schwerpunkte untersucht. Zum einen die erreichbare Festigkeit in Abhängigkeit der Position in Längsrichtung der Schweißnaht. Dies ist entscheidend für die Bewertung des kontinuierlichen Verfahrens und der resultierenden Verbindungsfestigkeit einer geschlossenen bzw. fortlaufenden Verbindung. In Abbildung 3.3 ist ein deutlicher Abfall der Verbindungsfestigkeit am Nahtanfang und -ende zu beobachten. Dies ist auf den Einfluss der Bauteilkante auf die induktive Erwärmung zurückzuführen, welcher als Randeffekt bekannt ist [5].

Der zweite Betrachtungsschwerpunkt bezieht sich auf die Reproduzierbarkeit der Verbindungsfestigkeit bei der Herstellung einer Schweißnaht unter identischen Bedingungen. Hierzu werden aus einer Schweißnaht mit der Länge von 180 mm, 6 Proben mit jeweils 25 mm Schweißnahtlänge herausgetrennt und im direkten Vergleich gegenübergestellt. Die exemplarischen Ergebnisse sind in Abbildung 3.3 dargestellt.

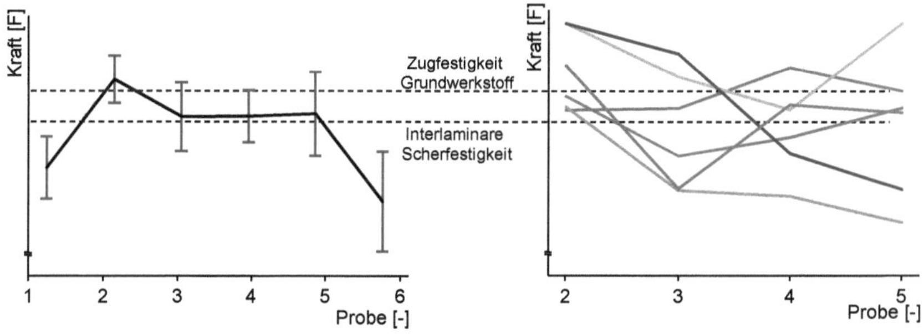

Abbildung 3.3: Bruchkraft der Zug-Scher-Probe in abhängigkeit der Nahtposition (links) Kraftverlauf der Zug-Scher-Prüfung der Proben 2-4 einer Schweißnaht (rechts)

4 Ultraschallpunktschweißen von faserverstärkten thermoplastischen Kunststoffen

Zwar gilt das Ultraschallschweißen von Kunststoffen als etabliertes Fügeverfahren, jedoch stellt die Anwendung des Verfahrens auf endlosfaserverstärkte Kunststoffe eine gänzlich neue Herausforderung dar. Mechanische Longitudinalschwingungen mit einer Frequenz oberhalb des hörbaren Spektrums (i.d.R. zwischen 20 kHz und 45 kHz) werden durch eine metallische Sonotrode senkrecht auf das Werkstück aufgebracht. Aufgrund der entstehenden Molekular- und Grenzflächenreibung erwärmt sich der Fügebereich und plastifiziert innerhalb sehr kurzer Zeiteinheiten, wodurch die Diffusion der

Polymere durch die Fügeebene stattfindet. Nach der Ultraschall-Einwirkung wird unter einem statischen Fügedruck eine homogene Verfestigung in der Fügezone erreicht. Das Ultraschallschweißen zeichnet sich durch sehr kurze Schweißzeiten und eine hohe Automatisierbarkeit aus[6].

Das konventionelle Ultraschallschweißen von dünnwandigen Bauteilen erfordert sogenannte Energierichtungsgeber an den Schweißflächen. Beim Verschweißen von großen Bauteilen, die im Thermoformverfahren hergestellt werden, können Energierichtungsgeber nur schwer und kostenintensiv umgesetzt werden [7]. Um diese Einschränkung zu überwinden, wurde im Rahmen dieser Arbeit der Ultraschallschweißprozess zum differentiellen Ultraschallschweißen (DUS) weiterentwickelt. Dieses Verfahren ermöglicht das Schweißen von dünnwandigen thermoplastischen Bauteilen oder thermoplastischen Verbundlaminaten, ohne Energierichtungsgeber in der Grenzfläche der Schweißzone. Darüber hinaus ermöglicht das Verfahren abzeichnungsfreie Schweißungen, wie dies in Abbildung 4.1 zu sehen ist.

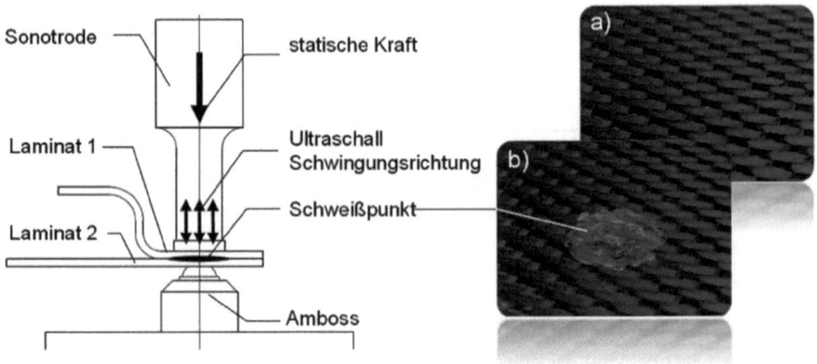

Abbildung 4.1: Schematische Darstellung des DUS-Schweißaufbaus (links) Schweißprobe a) Oberfläche und b) Bruchfläche (rechts)

Ursächlich für die Güte der Schweißung hinsichtlich Oberflächenqualität und Festigkeit ist die Differenz der Kontaktflächen von Sonotrode und Amboss, wodurch eine natürliche Konzentration der Energie erfolgt. Die DUS-Konfiguration bewirkt, dass sich die Laminate sowohl unter dem statischen Druck als auch aufgrund der Ultraschallschwingungen so verformen, dass ein merklicher sinusförmiger Schlupf zwischen den sich berührenden Oberflächen in der Fügeebene entsteht. Die durch diesen Schlupf verursachte konzentrierte Reibung erwärmt die Kontaktzone lokal mit einer Aufheizrate von bis zu 2000 °C/sec.

Aufgrund der anfänglich hohen reibungsinduzierten Aufheizung wird die Matrix an der Grenzfläche deutlich weicher als in Dickenrichtung. Folglich konzentriert sich der Großteil der Dehnungsenergie auf diese weichen Grenzflächenschichten, die sich wiederum vorzugsweise und ausschließlich durch viskoelastische Erwärmungsmechanismen auf Temperaturen oberhalb der Glasübergangs- oder Schmelztemperatur aufheizen. Während der Abkühlungsphase und unter dem aufgebrachten Fügedruck wird so ein stoffschlüssiger Fügepunkt erzeugt.

Im Verlauf der Schweißung wird die fokussierte Dehnungsenergie in den geschmolzenen Schichten so hoch, dass die Temperatur sehr schnell auf kritische Werte steigen kann, bis hin zur Zersetzungstemperatur des Polymers. Diese Zersetzung verursacht Defekte in der Schweißebene in Form von Delaminationen und Gaseinschlüssen, die wiederum die Qualität und Festigkeit der Schweißung verringern. In Abbildung 4.2 ist der entsprechend geregelte und ungeregelte Temperaturverlauf dargestellt.

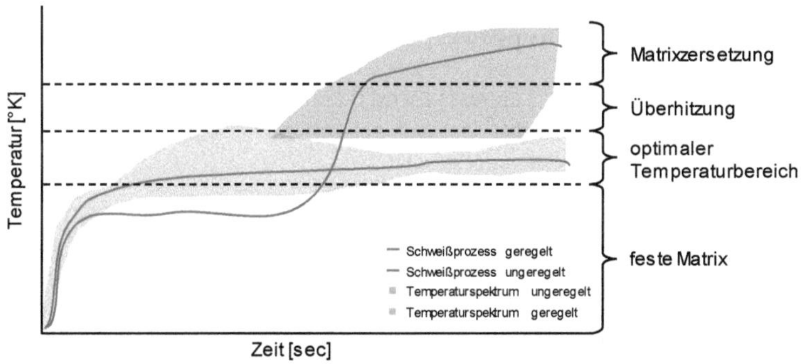

Abbildung 4.2: Geregelte und ungeregelte Temperaturverläufe in der Schweißebene

Vermeidung der Überhitzung und Steuerung der Schweißtemperatur wurde eine Prozessregelung auf Basis einer Fuzzy-Logik entwickelt. Diese Logik ermöglicht es, den Schweißprozess derart zu regeln, dass die Schweißtemperatur stets im optimalen Fenster gehalten wird.

Die Logik berücksichtigt mehrere Faktoren und berechnet sich aus einem Regelparameter P. Dieser wiederum stellt eine Funktion der Durchschnittstemperatur T des Schweißpunkts, des Temperaturgradienten ∇T, des statischen Drucks σ_{static} und des Quadrats der Schwingungsamplitude z_0^2 dar.

$$P \propto \{T, \nabla T, \sigma_{static}, z_0^2\}$$

Durch die optimale Prozessregelung können Schweißqualität, Festigkeit und Prozesszeit auf die spezifischen Anforderungen eingestellt werden.

5 Produktionsanlage zur Umsetzung der Verbindungen

Alle drei gezeigten Verfahren wurden unter den Prämissen Flexibilität, Prozessfähigkeit und Automatisierbarkeit entwickelt. Bereits während der Anforderungsdefinition an die drei Systemtechniken wurden Roboter- und SPS-Schnittstellen berücksichtigt. Zur Integration in bestehende Produktionsanlagen wurden standardisierte mechanische Komponenten wie beispielsweise Werkzeugwechsler und Dockingbahnhöfe verwendet. Die erforderliche Systemtechnik wird über einen Industrieroboter auf einer Verfahrachse angedockt und die Verbindung am Bauteil realisiert.

Die realisierte Anlage entspricht dem seit 2011 bei der BMW Group eingesetzten Standard, bestehend aus einer Siemens S7 Klassik SPS in Verbindung mit einem ABB6640 Industrieroboter und Stäubli Werkzeugwechsler.

5.1 Anlagentechnik Bohrpresse

Sowohl das Bohren als auch das Einpressen wird durch eine automatisierte Bohrpresse umgesetzt. In Sequenz wird zunächst das Loch gebohrt und anschließend ohne die Position zu verlieren, das Einpresselement gesetzt.

Die Position des Elements wird im ersten Schritt durch den Roboter angefahren. Über Vakuumgreifer wird die Bewegung zudem beruhigt. Nach erfolgter Bohrung wird im zweiten Schritt die Bohrpresse nicht bewegt, sondern revolverartig über die Rotationeinheit der Pressstempel in Arbeitsposition gedreht. Folglich ist sichergestellt, dass Positionsabweichungen zwischen Bohren und Pressen auf fertigungstechnische Toleranzen reduziert werden. Aktuell sind hier +/- 0,01 mm realisierbar. Die Konzentrizität von Loch zu Einpresselement ist maßgeblich für die Streuung und Schwächung der Verbindung verantwortlich.

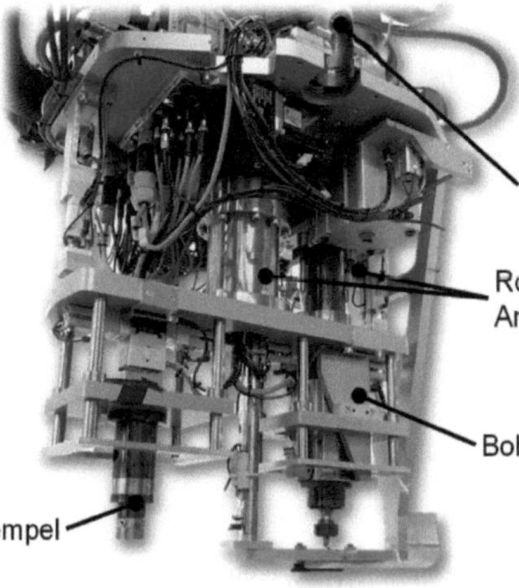

Abbildung 5.1: Anlagentechnik der Bohrpresse

5.2 Anlagentechnik Induktionsfügen

Die Positionierung des Induktors sowie der fluidgekühlten Konsolidierungsrolle erfolgt über Linearantriebe mit Kugelgewindetrieb, welcher eine Wiederholgenauigkeit der Positionierung von +/- 0,03 mm ermöglicht. Die Regelung des Fügedrucks an der Konsolidierungsrolle erfolgt durch eine in die Applikationssteuerung integrierte Echtzeit Ansteuerung der Antriebe und der an der Rolle anliegenden Reaktionskraft als Regelgröße, gemessen durch eine 2 kN DMS Kraftmessdose. Die Plastifizierung erfolgt geregelt, über eine abgeschlossene PID Regelung und der Regelgröße der Oberflächentemperatur. Die Oberflächentemperatur sowie der Fügedruck stellen zugleich die qualitätsrelevanten Prozessgrößen dar, deren Korridorkurven (Prozess Obergrenze / Untergrenze) ein charakteristisches Maß für eine funktionale Verbindung darstellen.

Das elektromagnetische Feld zur Erzeugung der Wirbelströme wird durch ein Hochfrequenzsystem realisiert. Hierdurch können Spulenströme bis zu 490 A bei ca. 800 kHz erreicht werden. Die Geometrie des Erwärmungsfeldes wird durch einen anwendungsspezifischen Induktor erreicht.

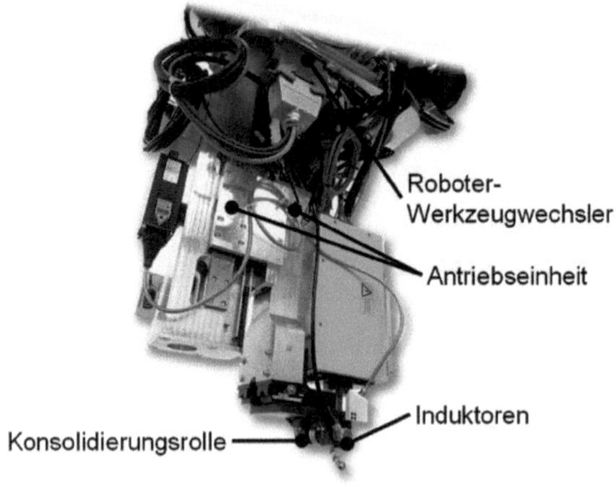

Abbildung 5.2: Induktionsfügeeinheit an einen Karosseriebauroboter.

5.3 Anlagentechnik Ultraschallschweißen

Die Ultraschall-Schweißeinheit besteht aus zwei Ultraschall-Schweißmodulen mit unterschiedlichen Schweißfrequenzen. Ein 30 kHz Schweißmodul mit einer maximalen Ausgangsleistung von 1500 Watt zur Realisierung von Punktschweißungen an dickwandigen Bauteilen. Sowie ein 40 kHz Modul mit einer maximaler Ausgangsleistung von 800 Watt, dass für Schweißungen mit hohen Anforderungen an die Oberflächenabzeichnungen.

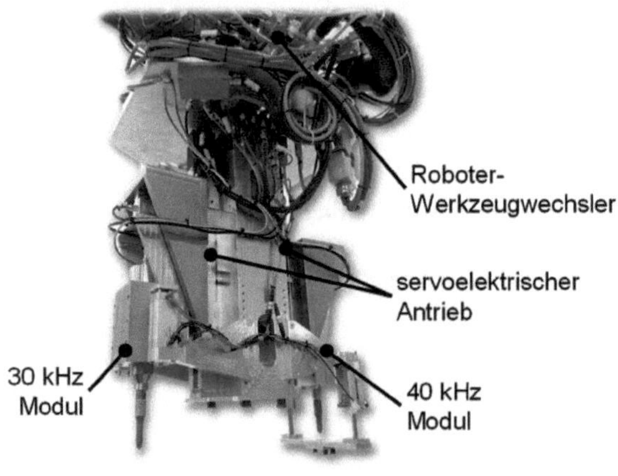

Abbildung 5.3: Ultraschallschweißkopf

Der Vorschub der Sonotrode wird durch einen kraftgeregelten Servoantrieb realisiert. Dieser Aufbau reduziert die Oberflächenbeschädigung, die durch den Fügedruck auf das Verbundmaterial am Schweißpunkt verursacht werden. Zusätzlich wird das Schweißsystem über eine „Fuzzy-Logik" geregelt, welches einen optimalen Energieeintrag in die Schweißnaht gewährleistet. Der Regelalgorithmus ermöglicht prozesssichere Schweißungen

6 Anwendungsbeispiele

6.1 Potentialbauteile

Grundsätzlich können (endlos-)faserverstärkte duroplastische und thermoplastische Kunststoffe gefügt werden. Die Verbindung kann darüber hinaus auch auf Kunststoff-Metall-Verbindungen angewandt werden. Im Rahmen der Prozessentwicklung wurden umfangreiche Versuche an drei Komponenten durchgeführt, die alle samt als potentielle Zielbauteile bestätigt wurden (vgl. Abbildung 6.1). Dabei ist es nicht zwingend erforderlich, dass die gesamte Struktur aus Kunststoff besteht, wie z.B. die dargestellt Heckklappe oder Hinterachsschwinge vielmehr können Mischverbindungen aus Kunststoff-Metall realisiert werden wie z.B. ein Dachspriegel. Im konkreten Fall wird das Kunststoff-Mittelstück an den Enden mit Anschlussblech aus Stahl gefügt, wodurch das Bauteil in ein konventionelles Karosseriegerippe aus Stahl eingepunktet werden kann. Alternativ kann der angepassten Dachspiegel direkt an den Seitenrahmen gefügt werden.

Abbildung 6.1: Potentialbauteile von links: Heckklappe, Hinterachsschwinge, Dachspriegel

6.2 Realbauteil: Kunststoff-Heckklappe

Die Umsetzung der Fügeverfahren durch die flexible Gesamtanlage ist an einer Kunststoff-Heckklappe verifiziert worden. Hierbei ist es gelungen, an einem Zusammenbau in einer Bauteilaufnahme alle Fügeverfahren in Sequenz am Produkt zu applizieren.

Abbildung 6.2 zeigt die Heckklappe mit den jeweiligen Fügeverfahren an spezifischen Fügepunkten. Hervorzuheben ist, dass die Konstruktion der Heckklappe auf den ursprünglichen, konventionellen Verbindungstechniken basiert. Bereits ohne Anpassung der Konstruktion an die vorgestellten Verbindungstechniken konnten sehr gute Ergebnisse hinsichtlich Festigkeit und Umsetzbarkeit erzielt werden.

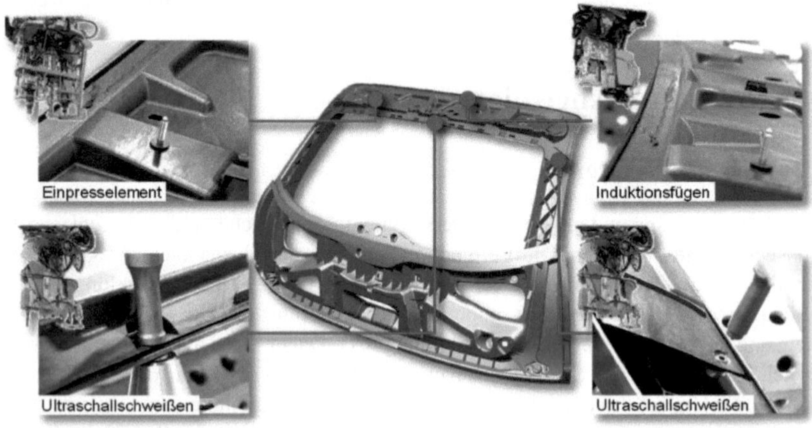

Abbildung 6.2: Realbauteil Heckklappe mit umgesetzten Verbindungen

Literaturverzeichnis

[1] H. Schürrmann, *Konstruieren mit Faser-Kunststoff- Verbunden,* Berlin, Heidelber, Springer Verlag, 2007.

[2] L. Liu, J. Zhang, K. Chen, and H. Wang, "Combined and interactive effects of interference fit and preloads on composite joints," Chinese Journal of Aeronautics, vol. 27, no. 3, pp. 716–729, 2014.

[3] Kazmirzak, W.: Kunststoff Schweißen. Leipzig, 2012.

[4] Yarlagadda, S., Kim, H. J., Gillespie Jr., J. W., Shevchenko, N. B., Fink, B.: A Study on the Induction Heating of Conductive Fiber Reinforced Composites. Journal of Composite Materials 2002; 36(4):401–21.

[5] Benkowsky, G.: *Induktionserwärmung: Härten, Glühen, Schmelzen, Löten, Schweißen.* 5. stark bearbeitete Auflage. Berlin: Verlag Technik GmbH, 1990.

[6] J. Rotheiser, *Joining of plastics: Handbook for designers and engineers,* 3rd ed. Munich, Cincinnati, Ohio: Hanser Publishers; Hanser Publications, 2009.

[7] C. Ageorges, L. Ye, and M. Hou, "Advances in fusion bonding techniques for joining thermoplastic matrix composites: A review," *Composites Part A: Applied Science and Manufacturing*, vol. 32, no. 6, pp. 839–857, 2001.

Qualifizierungsprozess für wettbewerbsorientiertes Sourcing von Lieferanten von Faserverbundwerkstoffkomponenten

Marco Nickel, F. Fürst, Opel Automobile GmbH

THE FUTURE IS EVERYONE'S

ASSESSMENT METHOD FOR
COMPETITIVE COMPOSITE SUPPLIER SOUR
Marco Nickel
Supervisor Body Exterior
May 2018
Fabian Fürst
Advanced Manufacturing Technologies
www.opel.com

DO IT RIGHT, DO IT LIGHT!

Drivers For Light Weight Engineering

- Fulfill the future legal EU regulations for CO² emissions
- Enhance driving range of electrical vehicles

Steel / Sheet Metal concepts are approaching their contribution limits for mass reduction

→ Multi Material Approach

→ New Material Applications need to be developed e.g. Structural Composites

3

DO IT RIGHT, DO IT LIGHT!

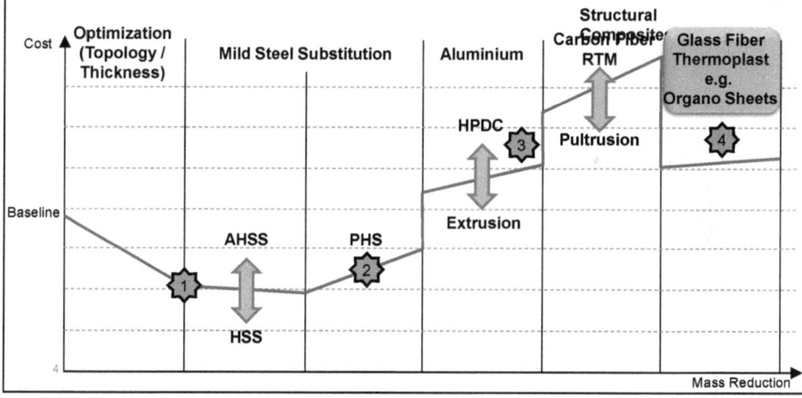

4

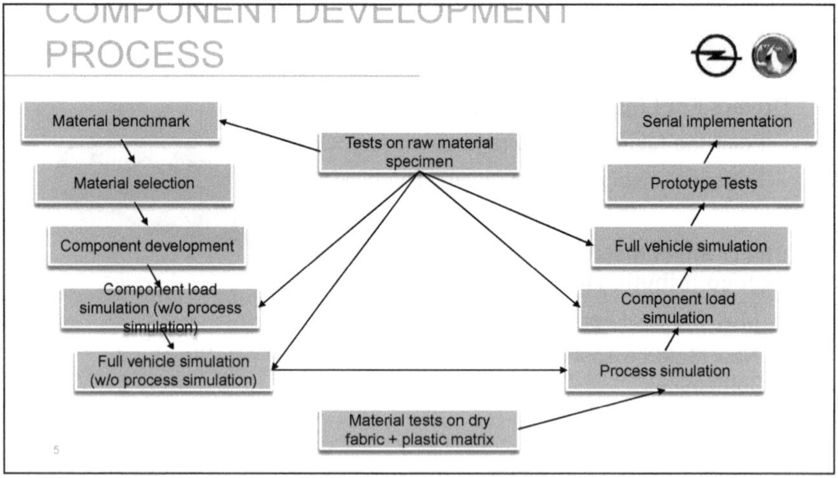
COMPONENT DEVELOPMENT
PROCESS
Material benchmark
Material selection
Component development
Component load simulation (w/o process simulation)
Full vehicle simulation (w/o process simulation)
Tests on raw material specimen
Material tests on dry fabric + plastic matrix
Serial implementation
Prototype Tests
Full vehicle simulation
Component load simulation
Process simulation
5

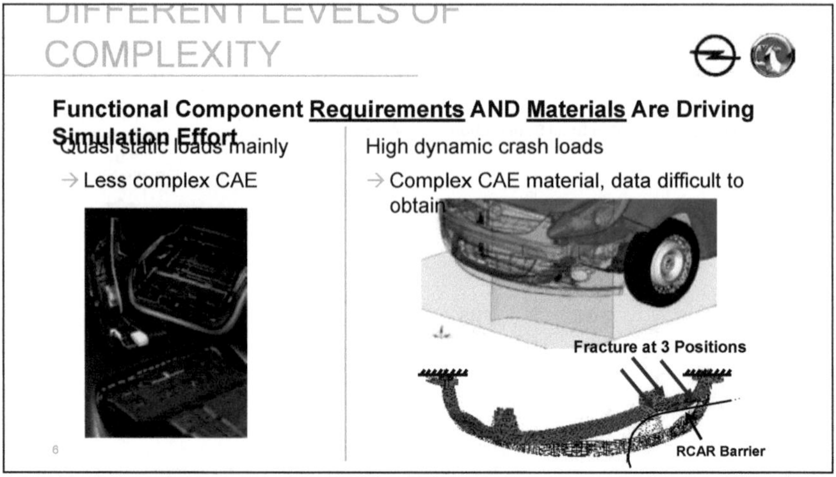
DIFFERENT LEVELS OF
COMPLEXITY
Functional Component Requirements AND Materials Are Driving Simulation Effort
Quasi static loads mainly
→ Less complex CAE
High dynamic crash loads
→ Complex CAE material, data difficult to obtain
Fracture at 3 Positions
RCAR Barrier
6

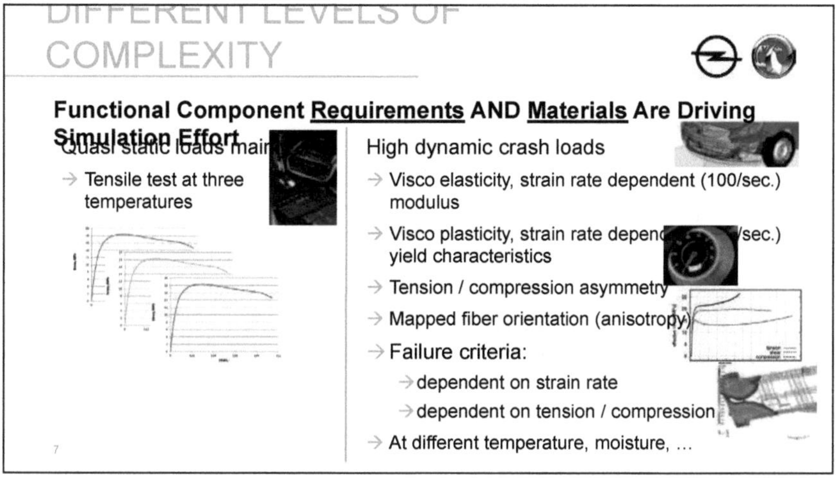
DIFFERENT LEVELS OF COMPLEXITY
Functional Component Requirements AND Materials Are Driving Simulation Effort
Quasi static loads mai
→ Tensile test at three temperatures
High dynamic crash loads
→ Visco elasticity, strain rate dependent (100/sec.) modulus
→ Visco plasticity, strain rate depen /sec.) yield characteristics
→ Tension / compression asymmetry
→ Mapped fiber orientation (anisotropy)
→ Failure criteria:
→ dependent on strain rate
→ dependent on tension / compression
→ At different temperature, moisture, ...
7

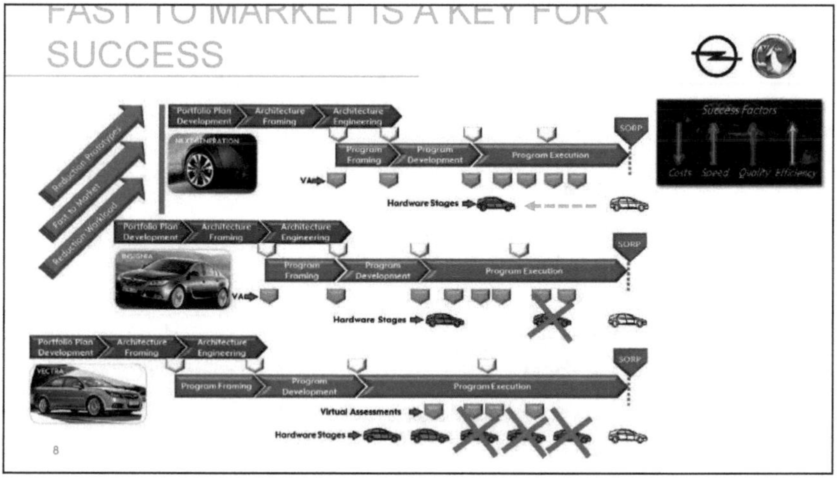
FAST TO MARKET IS A KEY FOR SUCCESS
Reduction Prototypes
Fast to Market
Reduction Workload
Portfolio Plan Development
Architecture Framing
Architecture Engineering
Program Framing
Program Development
Program Execution
SORP
VA
Hardware Stages
Success Factors
Costs
Speed
Quality
Efficiency
INSIGNIA
VECTRA
Virtual Assessments
8

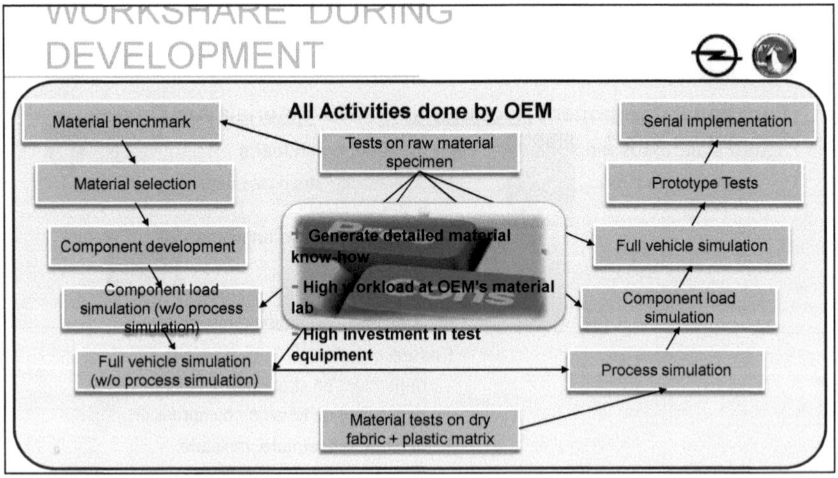
WORKSHARE DURING DEVELOPMENT
All Activities done by OEM
Material benchmark
Material selection
Component development
Component load simulation (w/o process simulation)
Full vehicle simulation (w/o process simulation)
Tests on raw material specimen
+ Generate detailed material know-how
- High workload at OEM's material lab
- High investment in test equipment
Material tests on dry fabric + plastic matrix
Serial implementation
Prototype Tests
Full vehicle simulation
Component load simulation
Process simulation

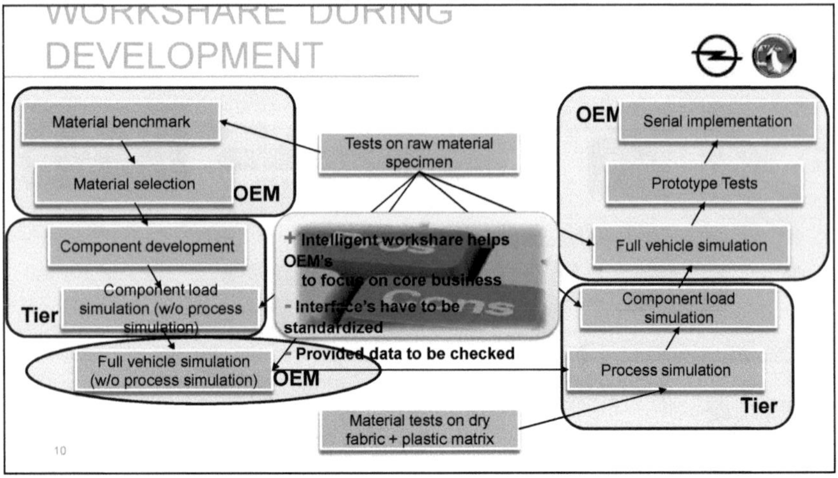
WORKSHARE DURING DEVELOPMENT
Material benchmark
Material selection
OEM
Tier
Component development
Component load simulation (w/o process simulation)
Full vehicle simulation (w/o process simulation)
OEM
Tests on raw material specimen
+ Intelligent workshare helps OEM's to focus on core business
- Interface's have to be standardized
- Provided data to be checked
Material tests on dry fabric + plastic matrix
OEM
Serial implementation
Prototype Tests
Full vehicle simulation
Component load simulation
Process simulation
Tier
10

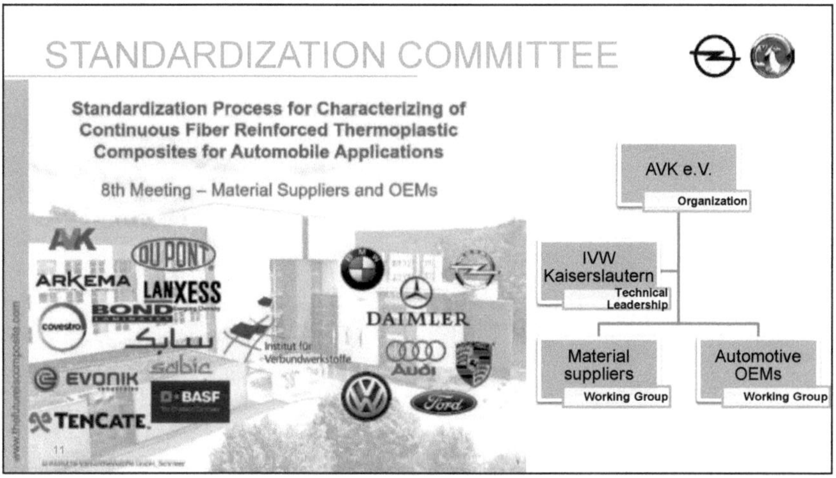
STANDARDIZATION COMMITTEE
Standardization Process for Characterizing of Continuous Fiber Reinforced Thermoplastic Composites for Automobile Applications
8th Meeting – Material Suppliers and OEMs
AVK e.V.
Organization
IVW Kaiserslautern
Technical Leadership
Material suppliers
Working Group
Automotive OEMs
Working Group
ARKEMA
LANXESS
BOND
covestro
EVONIK
sabic
BASF
TENCATE
Institut für Verbundwerkstoffe
DAIMLER
Audi
11
www.thefuturescomposite.com

STANDARDIZATION COMMITTEE
Classification of material property parameters for database
Institut für Verbundwerkstoffe
material property parameters
"necessary" basic material information
description of material's behavior in a limited way
means of comparability
public database free of charge
"supporting" advanced material information
advanced description of material's behavior
process simulation
non public fee required database
"complete" high level material information
enable full sim. material cards considering a wide range of material's behavior
fee required database on request
"deep" unconventional details
e.g. energy release rate, spec. energy absorption, frictional behavior, ...
not topic in experts task force
Main task: Definition of standard material data sheets
Incl. material test
Methods
Conditions
Motivation
Trustworthy material information
Comparability of materials
Avoid duplication of efforts for material characterization (end users + material suppliers)
www.thefuturescomposite.com

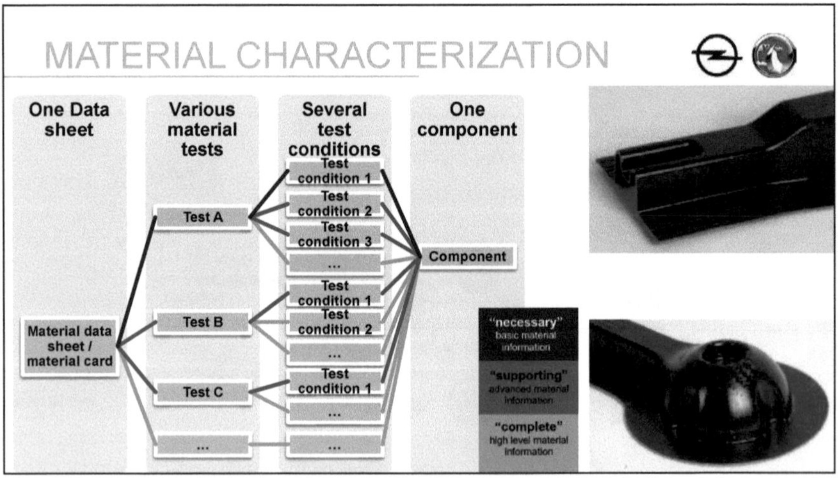
MATERIAL CHARACTERIZATION
One Data sheet
Various material tests
Several test conditions
One component
Material data sheet / material card
Test A
Test B
Test C
...
Test condition 1
Test condition 2
Test condition 3
...
Test condition 1
Test condition 2
...
Test condition 1
...
...
Component
"necessary" basic material information
"supporting" advanced material information
"complete" high level material information

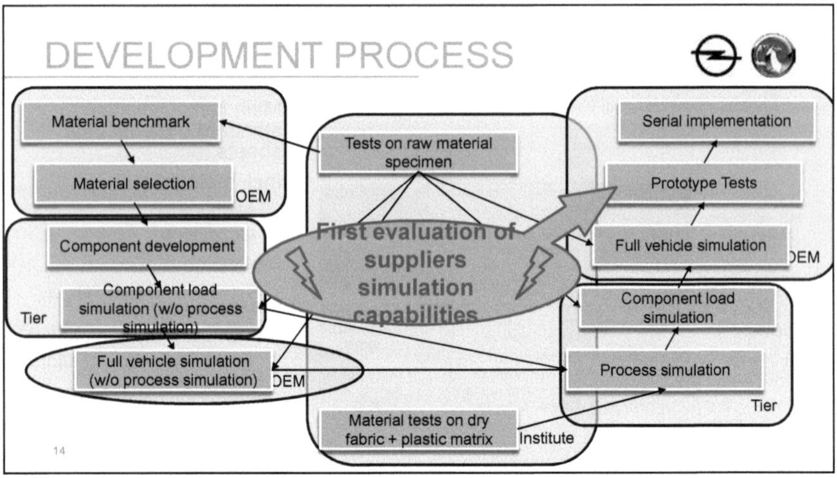
DEVELOPMENT PROCESS
Material benchmark
Material selection
OEM
Component development
Component load simulation (w/o process simulation)
Tier
Full vehicle simulation (w/o process simulation)
OEM
Tests on raw material specimen
First evaluation of suppliers simulation capabilities
Material tests on dry fabric + plastic matrix
Institute
Serial implementation
Prototype Tests
Full vehicle simulation
OEM
Component load simulation
Process simulation
Tier
14

DEMONSTRATOR GEOMETRY

- Organic sheet Demonstrator including:
  - Challenges process + load simulation
  - Feasible with 0/90° and +/-45° fiber orientation
  - Several specimen can be cut out of component for over 38 standard tests
- Enables
  - CAE validation
  - Supplier validation/selection
    - → competitive sourcing possible

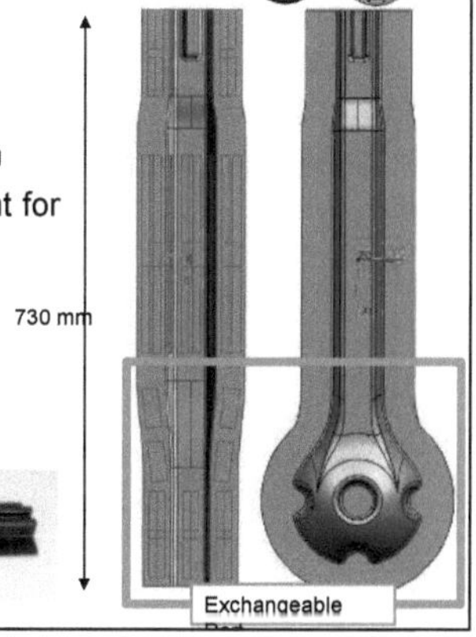

15

PROBLEM STATEMENTS IN DEMONSTRATOR

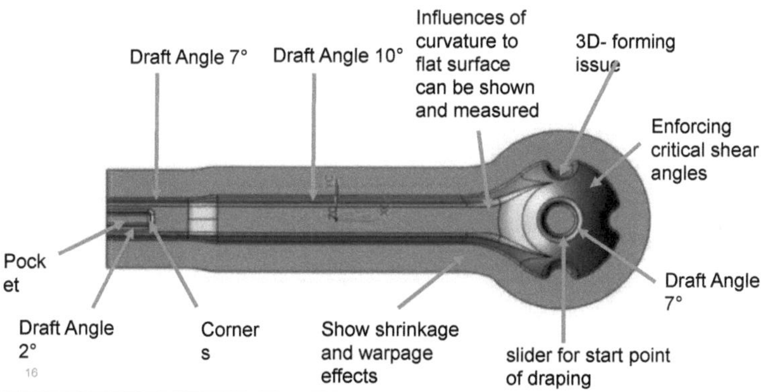

16

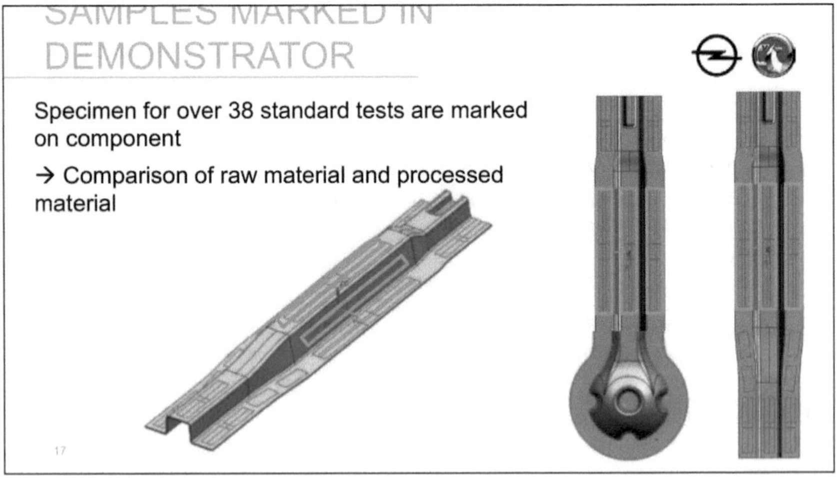
SAMPLES MARKED IN
DEMONSTRATOR
Specimen for over 38 standard tests are marked on component
→ Comparison of raw material and processed material
17

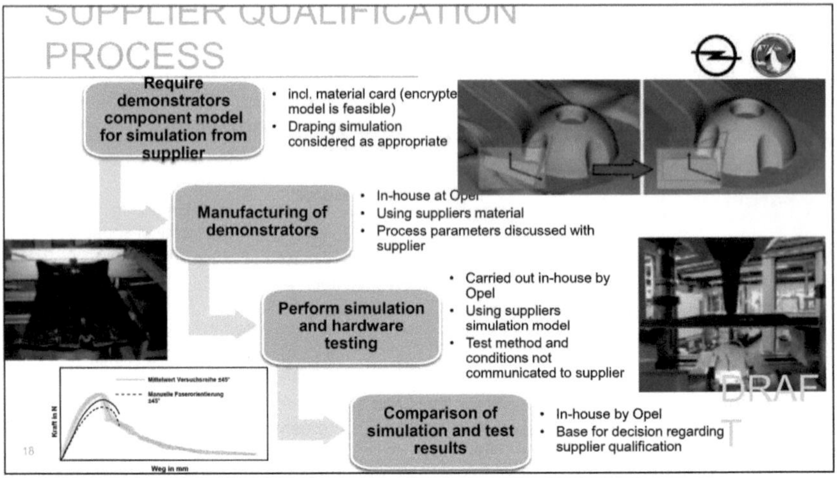
SUPPLIER QUALIFICATION
PROCESS
Require demonstrators component model for simulation from supplier
• incl. material card (encrypte
model is feasible)
• Draping simulation considered as appropriate
Manufacturing of demonstrators
• In-house at Opel
• Using suppliers material
• Process parameters discussed with supplier
Perform simulation and hardware testing
• Carried out in-house by Opel
• Using suppliers simulation model
• Test method and conditions not communicated to supplier
Comparison of simulation and test results
• In-house by Opel
• Base for decision regarding supplier qualification
Kraft in N
Weg in mm
DRAFT
18

THANK YOU
Marco Nickel, Fabian Fuerst

KOMPONENTEN

Aktive Aerodynamik im SUV-Segment und die Auswirkung auf Luftwiderstand und Reichweite

Dr. Heinz Soja

Peter Thomas

Robert Kleiner

1 Einleitung

Als Sportwagenhersteller ist es bei Porsche eine Tradition und Kernkompetenz, aerodynamisch wirksame Bauteile an der Karosserie einzusetzen. So hatte schon der Porsche 911 Carrera 2.7 im Jahr 1973 (Bild 1) den ersten serienmäßigen Entenbürzel-Spoiler, der den Hinterachsauftrieb erheblich reduzierte.

Bild 1: „Entenbürzel“ 911 Carrera 2.7

1989 wurde beim Modell 964 (Bild 2) ein Kinematikelement eingesetzt, das nur bei Geschwindigkeiten größer 120 km/h ausfuhr, um die Karosserieform im Stadt- und Landstraßenverkehr porschetypisch, puristisch beizubehalten. Mit der Markteinführung des Porsche Panamera Turbo 2009 (Bild 3) konnte die Effizienz des Systems – Erzeugung von Abtrieb bei geringem Widerstand – deutlich gesteigert werden. Dies geschah durch eine deutliche Vergrößerung der Spoilerfläche und seitlich ausfahrenden Flaps. Diese wurden zu einem wichtigen Alleinstellungsmerkmal am Markt.

Bild 2: Heckspoiler 911 Carrera 964

Bild 3: Panamera 2D+ Heckspoiler

Das erste serienmäßige System der „aktiven Aerodynamik“ stellte Porsche beim 911 Turbo 2013 (Bild 4) vor. Bei diesem Hochleistungsfahrzeug kann sowohl ein aktiver Frontspoiler als auch ein aktiver Heckspoiler den Abtrieb im Sport Plus Mode oder bei hohen Fahrgeschwindigkeiten deutlich vergrößern, ohne Einschränkungen im Komfort oder im Styling in der Grundform einzugehen. Das System regelt intelligent die verschiedenen Spoilerstellungen an Front und Heck unter Berücksichtigung der Fahrmodi, der Geschwindigkeit und der Verdeck- oder Schiebedachstellung.

Bild 4: 911 Turbo (991) mit aktiver Aerodynamik

Das komplexeste System wurde beim 918 Spyder – einem Hochleistungssportwagen – mit einem zweifach ausfahrbaren und winkeleinstellbaren Heckspoiler umgesetzt. Zusätzlich weist der 918 adaptive Kühlluftlamellen zur Regelung des Kühlluftvolumenstroms und adaptive Diffusorklappen im Unterboden auf, um Abtrieb und Luftwiderstand je nach Anforderung des Fahrzustands zu regeln (Bild 5).

Bild 5: 918 Spyder mit aktiver Aerodynamik

2 Prüfzyklen zur Verbrauchsermittlung: WLTP versus NEFZ

Durch die intensiven CO_2-Diskussionen in der Presse ist der Autokunde sensibilisiert und achtet beim Neuwagenkauf wieder verstärkt auf die von dem Hersteller angegebenen Durchschnittsverbräuche und Emissionswerte. Aufgrund der häufig abweichenden Verbräuche bei Realfahrversuchen, verglichen zu den NEFZ-Werten, wurde im September 2017 das neue Testverfahren WLTP (Worldwide Harmonized Light-Duty Vehicles Test Procedure) in Europa eingeführt [1]. Dieses erhöht im Vergleich zum alten NEFZ die Verbrauchsangaben der Hersteller um circa 20 Prozent, die Abweichungen zum Realverbrauch werden durch folgende geänderte Kriterien minimiert:

1. Erweiterte Zykluslänge: (23,5 km statt 11 km)
2. Höhere Durchschnitts- und Maximalgeschwindigkeit (*Øv:* 46,6 km/h zu 34 km/h, v_{max}:131 km/h zu 120 km/h)
3. Temperaturbedingungen definiert
4. Sonderausstattungen integriert (Geographie, Klima und Lenkunterstützung nicht berücksichtigt)

Durch diesen neuen Testzyklus (Bild 6), der mit größeren Anteilen die höheren Geschwindigkeiten berücksichtigt, werden die Unterschiede zwischen Realverbräuchen und Prüfstandsangaben vermindert. Insbesondere in den Segmenten der Luxusfahrzeuge mit hohen Fahranteilen, hoher Autobahngeschwindigkeit, sowie den Sportfahrzeugen mit zusätzlich höheren Beschleunigungsanteilen ist dies zu beobachten.

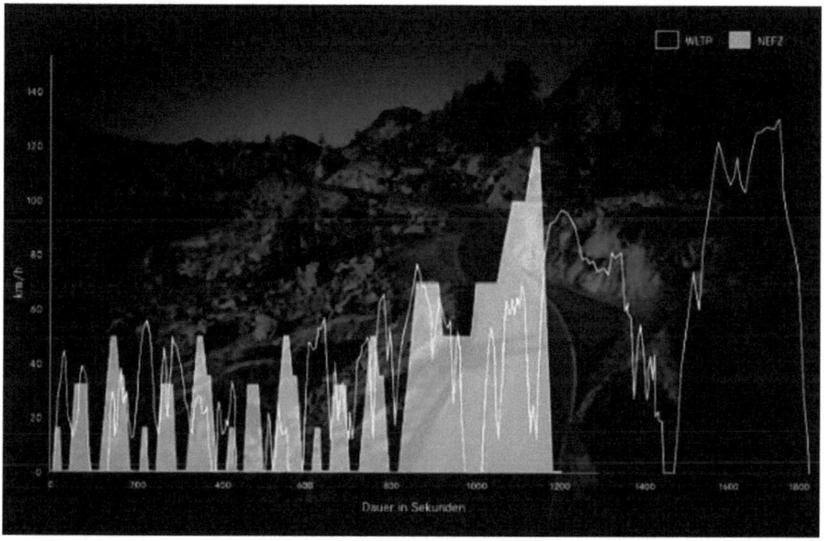

Bild 6: Vergleich der Testzyklen [2]

Die Wirkungsweise von Aerodynamikbauteilen wird durch die neue Gewichtung deutlicher im Zyklusverbrauch sichtbar. So steigt nach Schütz [3] der Beitrag der Aerodynamik am gesamten Energiezyklus beim Kleinwagen von 38 Prozent auf 42 Prozent und in der Oberklasse von 24 Prozent auf 27 Prozent.

Wird die mögliche Rekuperation mit 50 Prozent angenommen, so steigen die Aeroanteile auf 51 Prozent (Kleinwagen) und 35 Prozent (Oberklasse) (Bild 7).

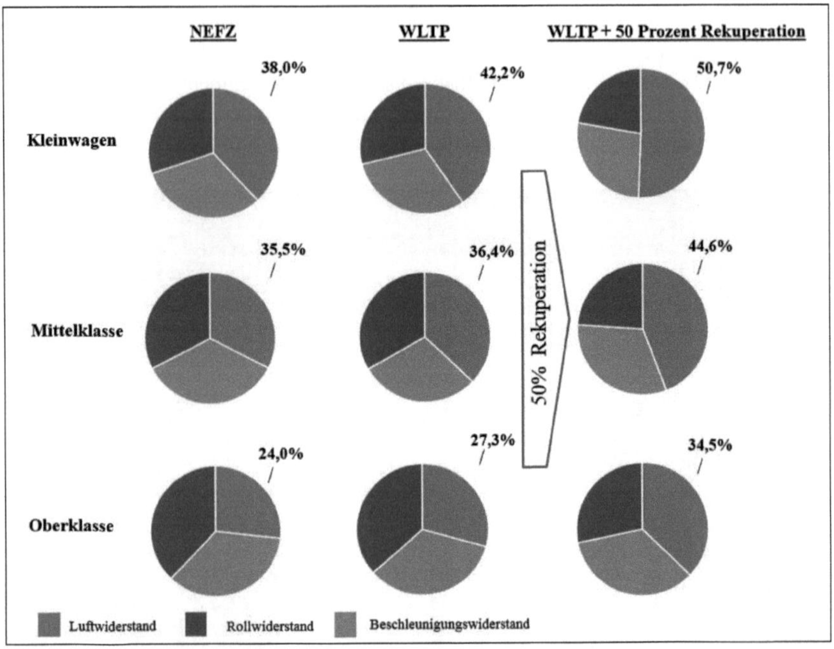

Bild 7: Aufteilung der Energieanteile in den verschiedenen Fahrzyklen [4]

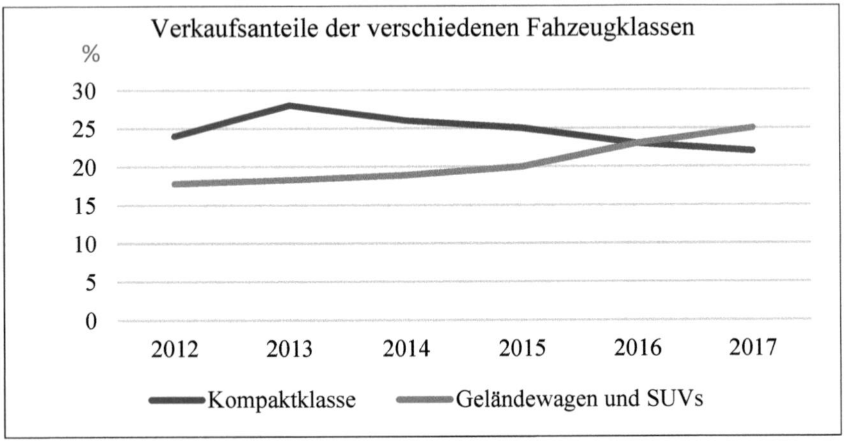

Bild 8: Verkaufsanteile [5]

Überlagert werden die Anstrengungen der Fahrzeughersteller zur Reduzierung der Flottenverbräuche durch den langjährigen Käufertrend hin zu SUV (Sport Utility Vehicle) (Bild 8), was dazu führt, dass die Fahrzeugquerschnittsflächen und damit die Luftwiderstände steigen. Dieser Trend ist auch beim Sportwagenhersteller Porsche zu beobachten. 2017 lagen die Auslieferungen bei 66 Prozent bei SUV´s, wie dem Macan und dem Cayenne (Bild 9).

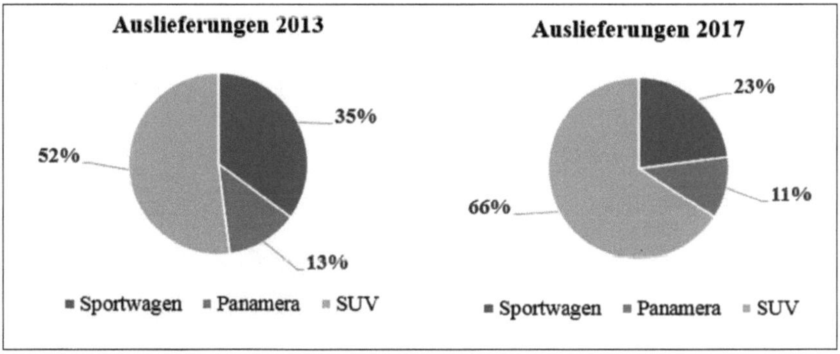

Bild 9: Auslieferungen Porsche Sportwagen, Panamera und SUV´s

Aktive Aero-Systeme, die den Luftwiderstand effektiv senken – wie im Sportwagensegment – sucht man bisher im Markt der SUV vergebens. Lediglich aktive Kühlluftklappen, die den Luftvolumenstrom je nach Kühlungsbedarf von Motor und Insassen steuern, findet man bei bisherigen Serienfahrzeugen, wie zum Beispiel beim Macan. Deshalb ist es nur konsequent, die aerodynamische Effizienz der Sportwagen auf den Cayenne zu übertragen und die gleichen Systeme einzusetzen.

3 Maßnahmen zur Luftwiderstandsreduzierung beim Porsche Cayenne E3

Wie bei allen Porsche Fahrzeugen steht auch beim Cayenne neben dem Design die Fahrdynamik als Porsche Kernkompetenz im Mittelpunkt der Entwicklungsziele (Bild 10 und 11). Grundstein hierfür ist eine ausgewogene Verteilung der Achslasten. Der notwendige Kühlluftvolumenstrom bei hoher Motorleistung führt zu zusätzlichem Vorderachsauftrieb, der bei Schließung der Kühlluftklappen verringert wird.

Bild 10: Cayenne E3 Turbo

Bild 11: Cayenne E3 Turbo Dachspoiler

3.1 Adaptive Luftklappensysteme

Der neue Porsche Cayenne ist das erste Fahrzeug mit einem regelbaren Vollverschluss der Lufteinlässe im Bugteil.

Das Gesamtsystem besteht aus vier adaptiven Einzelsystemen.

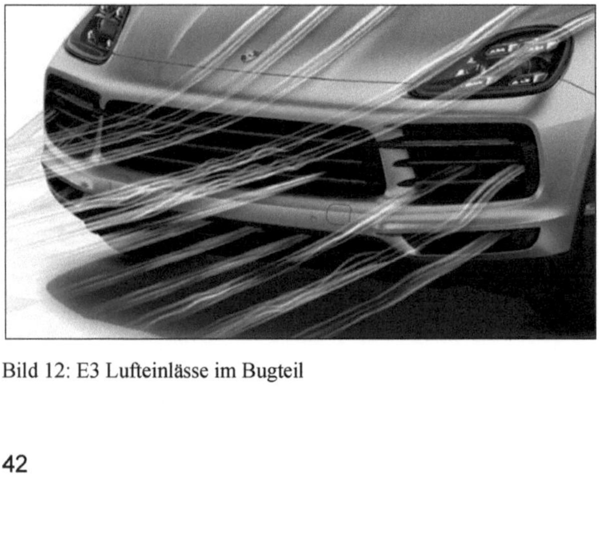

Bild 12: E3 Lufteinlässe im Bugteil

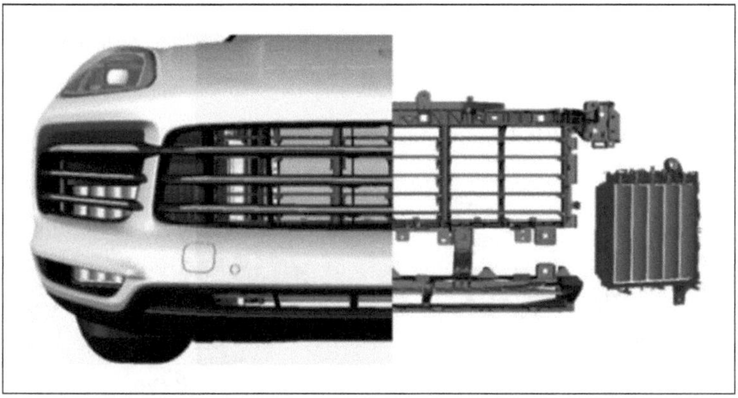

Bild 13: Darstellung der Lamellen beim E3

Die Verstellung der Lamellen erfolgt durch eine Regelung auf der Basis von zahlreichen thermodynamischen Parametern, wie zum Beispiel der Temperatur der Kühlflüssigkeit, der Außentemperatur, Klima an/aus und so weiter.

Jedes Modul ist einzeln stufenlos verstellbar.

Die Ansteuerung der mittigen und äußeren Luftklappensysteme erfolgt unabhängig voneinander.

3.1.1 Klappensystem Mitte

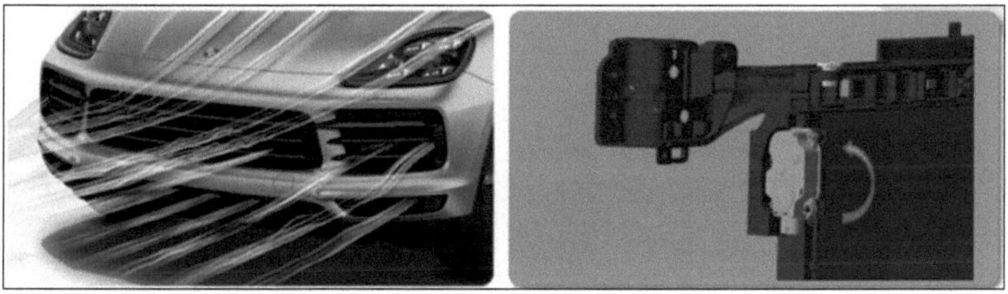

Bild 14: Klappensystem Mitte

Die adaptive Kühlluftklappe Mitte ist die flächengrößte Klappensteuerung im neuen Porsche Cayenne. Die Verstellung erfolgt über einen seitlichen Aktuator, der die Lamellen mit einem Arbeitsbereich von 90 Grad in die aero- und thermodynamisch optimale Stellung dreht.

Die Struktur der Kühlluftklappe im Frontendmodul wird auch für die Integration von Sensorik, wie zum Beispiel dem ACC-Sensor, der Fanfaren und der Aufnahme der Stoßfängerverkleidung genutzt.

3.1.2 Klappensystem Unten

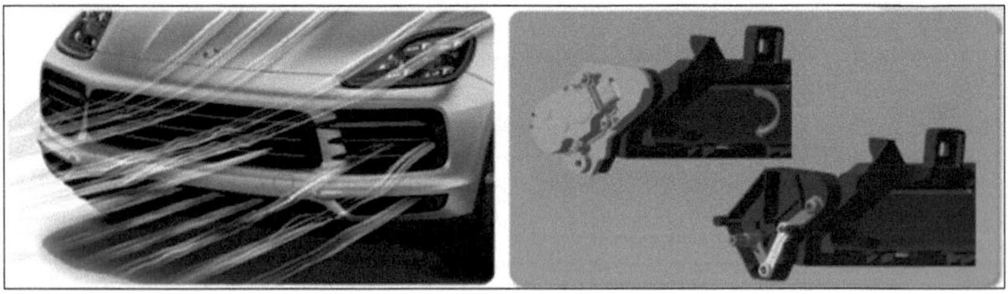

Bild 15: Klappensystem Unten

Im Vergleich zum Vorgänger erhielt der neue Porsche Cayenne einen zusätzlichen Lufteinlass in der Mitte. Auch dieser wurde mit einer adaptiven Kühlluftklappe ausgestattet. Dieses System ist wegen der Offroad-Silhouette des Cayennes um circa. 20 Grad nach vorne gekippt. Angetrieben wird die Kühlluftklappe, wie alle anderen Klappensysteme, durch einen Aktuator, der aufgrund der Verkippung und der Nähe zur Stoßfängerverkleidung die Klappe über eine Hebellage ansteuert.

3.1.3 Klappensystem Seitlich

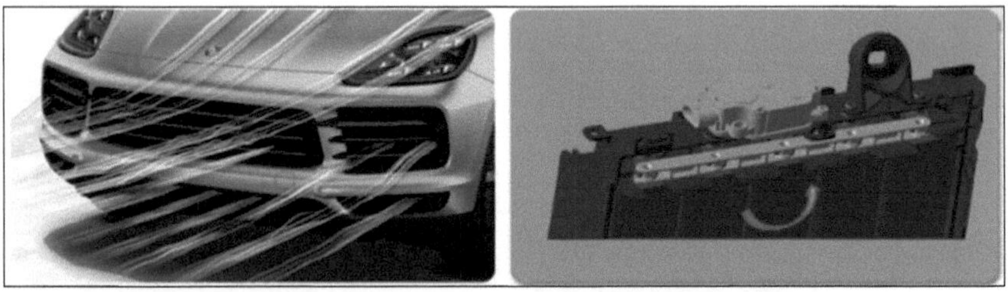

Bild 16: Klappensystem Seitlich

Als erstes Fahrzeug bei Porsche hat der neue Porsche Cayenne adaptive Kühlluftklappen zur Luftvolumenstromregelung zu den Ladeluftkühlern.

Die intelligente Ansteuerung der seitlichen Klappen ermöglicht es, den Luftwiderstand abzusenken, wenn nicht die gesamte Motor- und Klimaleistung abgefordert wird. Öffnen die Lamellen, so kann die maximale Performance zur Verfügung gestellt werden.

Eine weitere Neuerung sind die senkrecht stehenden Lamellen. Durch diese Anordnung ist eine optimale Durchströmung des Ladeluftkühlers sichergestellt. Die seitlichen Klappensysteme orientieren sich an der äußeren Bombierung des Vorderwagens. Der Arbeitsbereich beschränkt sich daher auf ca. 63 Grad.

4 Adaptiver Dachspoiler für den Porsche Cayenne Turbo

Der Porsche Cayenne Turbo (E3) ist das erste SUV mit adaptivem Dachspoiler.

Bild 17: Dachspoiler beim Cayenne Turbo

Als Alleinstellungsmerkmal regelt das Spoilersystem den jeweils niedrigsten Luftwiderstand (c_W) zum jeweils aus fahrdynamischer Sicht erforderlichen Hinterachsabtrieb.

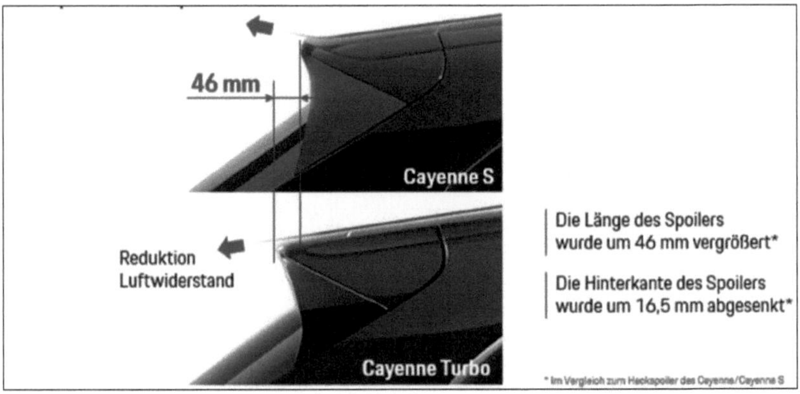

Bild 18: Vergleich der Spoilergeometrie von Cayenne S mit Cayenne Turbo

Gegenüber dem Heckspoiler des Basisfahrzeuges wurde der Spoiler beim Turbo um 46 Millimeter verlängert und eine Antriebseinheit integriert, die ein in die Fläche integriertes bewegliches Spoilerblatt verstellt.

4.1 Übersicht Stellungen Dachspoiler

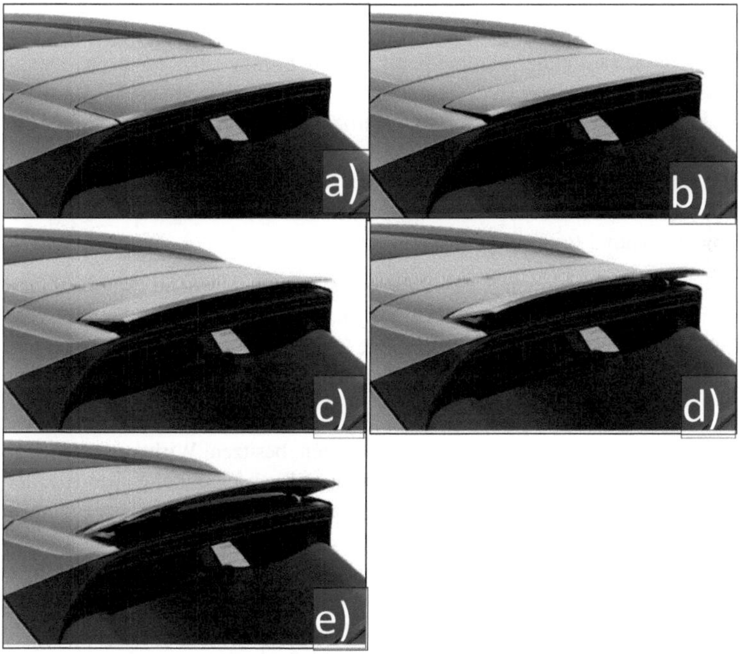

Bild 19: Spoilerstellungen Cayenne Turbo: a) Eco-Grundstellung b) Performance- Stellung c) Sport-Plus-Stellung d) Panorama Dach- Stellung e) Airbrake- Stellung

Unter 160 km/h bleibt der Dachspoiler in seiner Eco-Grundstellung und reduziert damit im Vergleich zum fixen Spoiler den cw-Wert um $\Delta cw = -0{,}010$. Steigt die Geschwindigkeit über 160 km/h wird der Spoiler um 20 Millimeter hochgefahren und erhöht den Abtrieb an der Hinterachse. Die manuell auswählbare Sport-Plus-Stellung fährt insgesamt 40 Millimeter aus und erzeugt Performance-Abtrieb. Wird das Schiebedach geöffnet wird der Spoiler 60 Millimeter, in der Airbrake-Stellung 80 Millimeter ausgefahren. Der Bremsweg aus 250 km/h verkürzt sich dadurch um 2 Meter.

5 Auswirkung der Aerodynamikmaßnahmen

In den letzten Kapiteln wurden die konkreten Maßnahmen beschrieben, die beim neuen Porsche Cayenne die aerodynamischen Luftwiderstandsbeiwerte verbessern. Wie drücken sich diese nun in den realen Verbräuchen der Verbrennungsfahrzeuge (VKM) oder den Reichweiten von zukünftigen reinen Elektrofahrzeugen (BEV) aus?

Die Reduzierung des maximal möglichen Luftwiderstandbeiwertes durch adaptive Aerodynamikbauteile beträgt in der Summe beim neuen Cayenne circa 9 Prozent. Davon entfallen etwa 3 Prozent auf den Heckspoiler und ungefähr 6 Prozent auf die Kühlluftregelung. Bei 35 Prozent Energieanteil durch Aerodynamik (bei 50 Prozent Rekuperation) im WLTP-Zyklus gelingt es auf diese Weise die Reichweite um circa 1 Prozent zu steigern. Verändert sich der Antrieb von einem Verbrenner mit circa 30 Prozent Wirkungsgrad zu einem BEV-Antrieb mit etwa 85 Prozent Wirkungsgrad, so steigt der Reichweitengewinn auf 3 Prozent im WLTP-Zyklus.

Geht man nun von einer Nutzung des Fahrzeugs von überwiegend Autobahnfahrt (v= 120 km/h elektrisch) aus, so steigt die aerodynamische Gewichtung der Verbesserungsmaßnahmen. Hierdurch wird die Reichweite beim PHEV um 6 Prozent gesteigert, bei einem angenommenen Wirkungsgrad des Antriebs im elektrischen Betrieb von 80 Prozent.

Die Batterieelektrischen-Fahrzeuge (BEV´s) dagegen besitzen Wirkungsgrade von circa 85 Prozent. Geht man nun von den angekündigten durchschnittlichen Reichweiten aus, die die deutschen OEMs für ihre BEV-Fahrzeuge im Jahr 2020 versprochen haben, so liegt man mit der Annahme einer Kundenreichweite von ca. 500 Kilometer als eine typische Zahl für die Oberklasse nicht falsch. Auch Porsche nennt für den neuen Elektrosportwagen Mission E eine Reichweite von etwa 500 Kilometer. Bei einem Wirkungsgrad von rund 85 Prozent erreicht man eine Reichweitensteigerung von 7 Prozent = 35 km durch die beschriebenen aerodynamischen Maßnahmen.

Die Unterschiede zwischen konventionellen Antrieben (VKM) und BEV sind in Bild 20 graphisch veranschaulicht.

Reichweitenvergrößerung durch 9% Reduzierung des Luftwiderstands				
	WLTP E3/VKM	WLTP E3/ BEV	E3 PHEV (elektr.) 120 km/h konstant	E3/BEV 140 km/h konstant
Δ Reichweite in %	≈ 1 %	≈ 3%	≈ 6 %	≈ 7 %
Δ (km) bei 500 km Reichweite	(5 km)	(15 km)	(30 km)	(35 km)

Bild 20: Reichweitendifferenzen zwischen VKM, PHEV und BEV

6 Zusammenfassung und Ausblick

Durch die Einführung des WLTP Verbrauchszyklus sind die Verbrauchsangaben der Fahrzeuge um ungefähr 20 Prozent angestiegen, jedoch jetzt deutlich realistischer.

Der Trend zu SUV´s, die hochmotorisiert und sehr gut ausgestattet sind, erschwert für die Hersteller die Erreichung des CO_2-Ziels. Somit tragen insbesondere Verbesserungen in der Aerodynamik bei SUV´s stark zur Zielerreichung der CO_2-Werte bei.

Mit Verbesserungen des Luftwiderstands von etwa 9 Prozent durch den Einsatz von intelligenter Kühlluftregelung und einem adaptiven Heckspoiler sind Reichweitenverbesserungen von bis zu 7 Prozent bei den zukünftigen, batteriegetriebenen Fahrzeugen auf Autobahnfahrten zu erreichen. Folglich werden diese Maßnahmen zum Standard zukünftiger effizienter Fahrzeuge gehören.

Verweise

[1] A. Hofacker und C. Köllner, „www.springerprofessional.de," 26 Mai 2017. [Online]. Available: https://www.springerprofessional.de/fahrzeugtechnik/emissionen/wltp-und-nefz-im-vergleich/6560846#.

[2] Mercedes Benz, „www.mercedes-benz.com," 2017. [Online]. Available: https://www.mercedes-benz.com/de/mercedes-benz/fahrzeuge/wltp/wltp-vs-nefz/.

[3,4] m. magazin, „www.manager-magazin.de," 11 Januar 2018. [Online]. Available: http://www.manager-magazin.de/unternehmen/autoindustrie/suv-und-gelaendewagen-erstmals-beliebter-als-golf-und-co-a-1187343.html.

[5] T. Schütz, "WLTP – On the increased importance of aerodynamics and impact on development procedures, Stuttgart: Springer Verlag, 2016.

Verifizierung und Validierung von funktionsintegriertem Leichtbau bei einem Crashlastfall gem. ECE-R66.02

Martin Seuffert (MAN Truck & Bus AG)

Eva Gundelsheimer (MAN Truck & Bus AG)

1 Motivation

Die stetig wachsenden Anforderungen bezüglich Komfort, Sicherheit und Umweltverträglichkeit treiben die Entwicklung von Fahrzeugen an. Dies gilt auch für Nutzfahrzeuge, insbesondere in der Personenbeförderung (Omnibusse). Die Entwicklung neuer technischer Lösungen soll darüber hinaus auch die ökonomischen Ziele des Herstellers erfüllen.

Die folgende Abhandlung beschreibt die Entwicklung und Applikation eines sehr großen funktionsintegrierten Leichtbauelements in Sandwichbauweise – das Busdach. Als Bestandteil der Rohbaustruktur eines Omnibusses muss das Bauteil auch die technischen Anforderungen hinsichtlich Crash- und Dauerfestigkeit erfüllen. Gewichts- und Herstellkostenbetrachtungen werden dabei näher beleuchtet.

Die Motivation der Validierung und Verifizierung des Sandwichdaches besteht darin, eine Genehmigung eines Computersimulationsverfahren in Bezug auf Anhang 9 der Regelung Nr. 66 [1], Änderungsserie 02 (Kraftomnibusse hinsichtlich der Crashfestigkeit ihres Aufbaus) zu erhalten.

1.1 Leichtbau

Omnibusse wurden in den 50er Jahren erstmalig mit einer selbstragenden Rohbaustruktur gebaut. Dies bedeutet, dass die Trennung zwischen einer Wagenkasten- und einer Chassisstruktur aufgehoben wurde und der komplette Rohbau als eine Einheit ausreichend stabil und verwindungssteif ist. Diese Bauweise hat sich vor allem bei Komplettbusherstellern durchgesetzt.

Das Gerippe, wie die tragende Struktur eines Omnibusses auch genannt wird, entsteht in Differentialbauweise. Einzelne Teile, werden nach dem Prinzip der Stab- und Fachwerkkonstruktion durch leicht beherrschbare Füge- bzw. Verbindungstechniken wie z.B. MAG Schweißen verbunden.

Der Aufwand dafür ist gering und die Kosten zur Fertigung eines Busgerippes daher vergleichsweise niedrig. Auch ermöglicht diese Bauweise grundsätzlich eine gewichtsoptimierte Auslegung. Mit Hilfe von modernen Simulationsmethoden konnte das Gewicht über die Zeit durch z.B. Kraftfluss-, oder Materialeinsatzoptimierungen immer weiter reduziert werden, obwohl die Anforderungen bzgl. passiver Sicherheit (Crash), Komfort (Ausstattung) und Umweltaspekten (z.B. Abgasnormen) an den Rohbau stetig gestiegen sind.

Um weiteren Leichtbau zu betreiben, muss darüber hinaus auch über die Materialauswahl nachgedacht werden. In unserem Beispiel wurde der Ansatz der Mischbauweise gewählt.

Neben den rein strukturellen Aufgaben hat ein Omnibusdach natürlich auch weitere. Dazu gehört in erster Linie der Schutz vor Umwelteinflüssen (Wärme, Kälte, Wasser, …). Des Weiteren dient es als Träger von diversen Innen- und Außenverkleidungsteilen sowie Funktionskomponenten. In der bisherigen Bauweise wurden diese von vielen verschiedenen Bauteilen (Dachhaut, Isolierungsabschnitte, Halterungen, Innendecke, usw…) übernommen.

Durch die Verwendung eines Sandwichbauteils können viele dieser Funktionen/Aufgaben integriert und teilweise sogar verbessert werden (z.B. Isolierung durch Wegfall von Kältebrücken). Vor Allem aber können durch die Reduzierung der Teileanzahl, Vermeidung von Dopplungen bei Material und Funktion sowie einer optimierten geometrischen Auslegung weitere Potentiale bzgl. Gewichtsreduzierung gehoben werden.

Somit besteht die erreichte Gewichtsreduzierung aus einer Materialauswahl- und einer Funktionsintegrationskomponente. Im Vergleich zum Referenzumfang Dach kann das Gewicht um ca. 25% reduziert werden.

konventionell gefertigtes Omnibus- Stahl- Gerippedach

Omnibusdach- Struktur mit integriertem Leichtbau – Sandwichdach

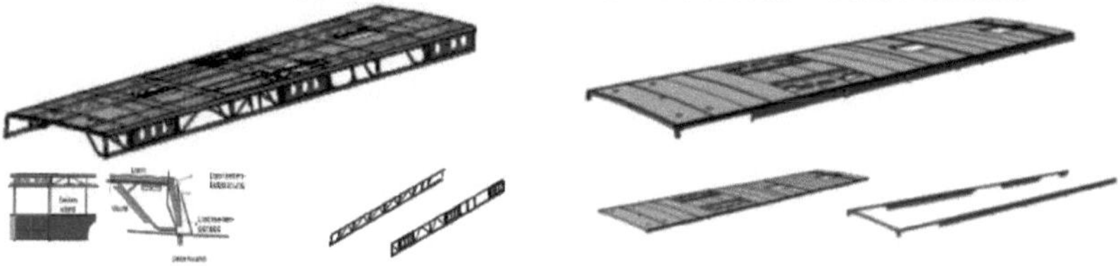

Abbildung 1: Omnibusdach in konventioneller Stahl- Gerippe Struktur im Vergleich zu Dachstruktur mit vollintegriertem Sandwichdachelement

1.2 Herstellkostenaspekt

Die wesentlichen Vorteile der bisherigen Bauweise - einfache Fügetechniken und niedrige Herstellkosten - müssen bei der Betrachtung im Fokus bleiben.

Allerdings, aufgrund des hohen Stahlanteils im Referenzdach sind die reinen Materialkosten deutlich geringer im Vergleich zu dem Sandwichdachpaneel.

Daher kann die Verwendung von leichteren und teureren Materialien nur in Verbindung mit Einsparungen bei der Herstellung / Montage zu einem wirtschaftlichen Vorteil führen. In unserm Fall können die höheren Materialkosten der Sandwichkomponente durch die Einsparung der reinen Fertigungszeiten sowie durch Vormontagen eines Dachmoduls überkompensiert werden (siehe Kapitel 2.2.3 Vormontage).

2 Das Bauteil

2.1 Beschreibung der Struktur

Zwei dünnwandige Deckschichten und dazwischen eine, aus mehreren aneinandergereihten Hartschaumplatten bestehende Kernschicht bilden im Klebeverbund die Basis für das Sandwichpaneel. Links und rechts säumen Strangpressprofile das Sandwichpaneel. Die konstruktive Gestaltung der Randprofile ermöglicht die Integration dieser in den Klebeverbund in einem Fertigungsprozessschritt. Des Weiteren sind für die Verlegung der Elektrokabel Leerrohre (Inlays) im Verbund implementiert.

2.1.1 Dachmodul in Sandwichstruktur- Bauweise

Darstellung der Sandwichdach- Paneele:

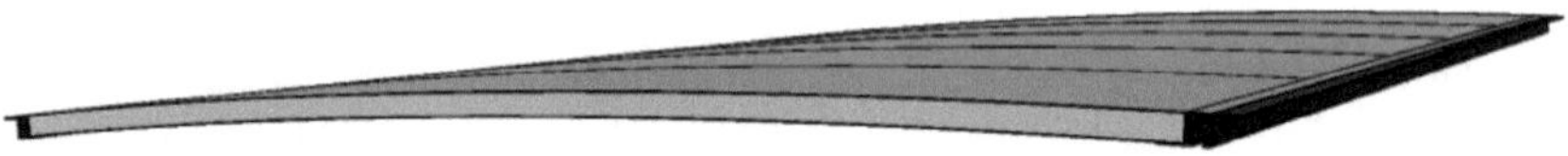

Abbildung 2: Sandwichdach- Paneele

Für den Zusammenbau der Sandwichdach- Paneele haben wir folgende Grundmaterialien ausgewählt:

Deckschicht Außen und Innen:	Aluminiumwerkstoff, Sichtflächen im Verbund Endlackbeschichtet
Kernschaum:	extrudierter Kunststoffschaum
Randprofile li/re:	Aluminiumwerkstoff
Leerrohre (Inlays):	Aluminiumwerkstoff
Verbundklebstoff:	2K- Klebstoff

2.2 Fertigung / Vormontage / Endmontage

2.2.1 Fertigung

Die Fertigung der Sandwichpaneele erfolgt im Vakuumpressverfahren. Die einzelnen Elemente werden in eine Vakuumform nacheinander eingelegt und verklebt. Nachdem alle Komponenten für ein Sandwichdach auf dem Vakuumtisch platziert und po-

sitioniert sind, wird das Sandwichpaneel mit einer gummierten Plane abgedeckt. Durch Vakuumpumpen wird die Luft unterhalb der Plane abgesogen und die Plane schmiegt sich um das Rohteil Sandwichdach. Das Dachmodul wird nun gepresst. Die erforderliche Presskraft von ca. 8t entsteht durch den umgebenden Luftdruck. Je nach Klebstoffauswahl ruht der Dachmodul- Rohling für die Aushärtung des Klebstoffes unter der Plane im gepressten Zustand.
Das Sandwichpaneel ist nach der Ruhezeit, der Aushärtezeit des 2K- Klebstoffes vom Vakuumtisch zu entnehmen. Im weiteren Fertigungsprozessschritt werden alle Ausschnitte wie Luft- An- und Ausblassöffnungen der Klimaanlage, Not- und Dachluke, sowie Bohrungen für Leitungen, Antennen usw. entsprechend nach Konfiguration und Ausstattung für ein Dachmodul (siehe Kapitel 2.3.2 Dachmatrix) aus dem Sandwichpaneel ausgetragen. Die mechanische Bearbeitung erfolgt auf einer CNC- Portalfräsmaschine. In einem Arbeitsgang werden alle Ausschnitte und Bohrungen ausgefräst.

Nach der Fräsbearbeitung ist das Sandwichdach, in Ausführung Standard fertiggestellt und wird in die Linie zur Vormontage eingesteuert (siehe Kapitel 2.2.3 Vormontage).

Neben der Standard- Ausführung werden alternativ auch Sonderlackierungen für die Außenbeschichtung des Sandwichdachpaneels ausgeführt. Nach dem Lackier- und Trockenprozess wird das in Sonderfarbe lackierte Dach in die Linie zur Vormontage eingesteuert.

2.2.2 Fertigungsprozess Sandwichdach- Paneel

Die geringe Varianz an Einzelkomponenten (siehe auch unter Abschnitt 1.1 Leichtbau), der einfache Aufbau, der einfach gestaltete Zusammenbau und die Anwendung einer in den letzten Jahrzehnten ausgereiften Fügetechnologie macht die Fertigung eines Sandwichelements, inkl. Integration von Leerrohr- und Randprofilen im Vergleich zum konventionell gefertigten Stahlgerippedach betriebswirtschaftlich sinnvoll. Die im Nachgang durchgeführte CNC- Bearbeitung der Ausschnitte und Bohrungen, sowie die CNC- geführte Kennzeichnung mit dem Marker für die einzelnen Positionen der Komponenten und Befestigungspunkte erleichtern die Montage und reduzieren die Prozesszeiten.

2.2.2.1 Entfall von Material und Arbeitsaufwänden

Mit dem Austausch der Stahlstruktur durch ein Sandwichpaneel entfallen Arbeitsaufwände wie das Messen und Anzeichnen der einzelnen Positionen für Halter und Komponenten, das Einschweißen der Haltern für Komponenten und Leitungsbefestigung, die Montage einer Dachaußenhaut, das manuelle Austragen der Ausschnitte in der Dachaußenhaut, das nachträgliche Einbringen der Isolierung, sowie die nachträgliche Implementierung einer Innendecke im gesamten Fahrgastinnenbereich.

2.2.2.2 Reduzierung der Fertigungszeiten

Im Gegensatz zum konventionellen Einbau sind die Vorteile der Vormontage der Komponenten am Sandwichdachmodul gekennzeichnet durch: Effizient gestaltete Arbeitsplätze, leichtes Handling der Komponenten am Dach sowie kompakte, vorgruppierte Komponentenbaugruppen, die durch leichte Zugänglichkeit einfach am Sandwichdachmodul befestigt werden können.

2.2.3 Vormontage

Abbildung 3: vorgruppierte Vormontage des Sandwichdachmoduls

Überwiegend alle Dachkomponenten, Geräteplatten sowie elektrische und pneumatische Leitungen werden am Sandwichdachpaneel montiert. Die Vormontage des Dachmoduls wird außerhalb der Linie erstellt. Dadurch wird die Montagedurchlaufzeit in der Fertigungslinie für das Gesamtfahrzeug gegenüber der konventionellen Fertigung eines Niederflurfahrzeuges erheblich reduziert.

2.2.4 Endmontage

Das Dachmodul wird komplett auf dem Fahrzeugwagenkasten aufgesetzt und befestigt. Die Endmontage des Fahrzeuges kann sofort erfolgen.

Produktionslinie Fahrzeugfertigung:

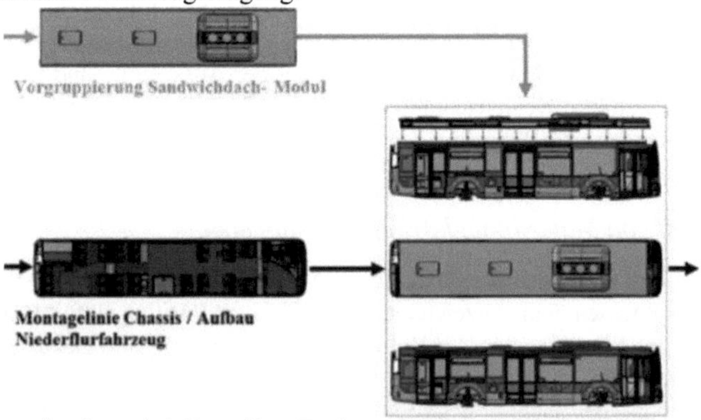

Abbildung 4: schematisch Darstellung Fertigungslayout Linie Niederflurfahrzeuge

2.3 Variantenmanagement

2.3.1 Variantenvielfalt

Im Hinblick auf die freie Auswahl für die Platzierungen der Dachkomponenten auf dem Sandwich- Paneel wurden die möglichen Varianten, unter Beachtung gesetzlicher Anforderungen wie z.B. Fahrzeugklassifizierung nach ECE- R 107 und unter Berücksichtig der Achslastbewertung am Gesamtfahrzeug untersucht und Dachvarianten konfiguriert.

Bei der Planung der möglichen Konfigurationen wurden ca. 10.000 Dachvarianten ermittelt.

Die Treiber für die Varianz der Sandwichdachausführungen ergibt sich aus:

- unterschiedlichen Fahrzeuglängen
- Art des Antriebes (Diesel; CNG)
- den verschiedenen Komponenten und verschiedenen Positionen auf dem Dach
    - CNG- Tank in unterschiedlichen Größen
    - Klimaanlagen in unterschiedlichen Größen
    - Dach- oder Notausstiegsluken
    - Anzahl der Antennen

Fazit: die Varianz der Sandwichpaneele wird durch die Ausschnitte für Komponenten bestimmt!

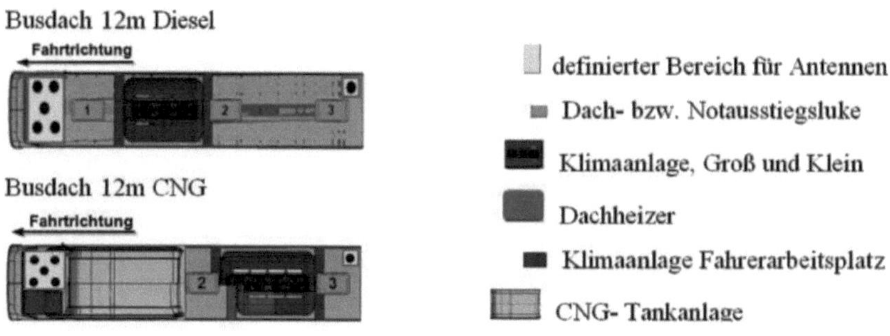

Abbildung 5: Darstellung Dachvarianten am 12m Solo, Antriebsart Diesel und CNG

Die Dokumentation jeder einzelner Sandwichdachpaneele und deren Rückverfolgbarkeit im Fertigungsprozess sind für den genannten Umfang aus ökonomischem Aspekt schwierig und teilweise nicht umsetzbar.

Um die Rückverfolgbarkeit zu gewährleisten, wurde die Maximalausstattung eines konfigurierten Daches als Ausgangszustand für die Dokumentation bestimmt. Des Weiteren werden die Ausschnitte im Dach getrennt vom Sandwichpaneel dokumentiert. Die Dokumentation eines Sandwichdaches ist unterteilt in Grunddach (das Sandwichpaneel) und in Ausschnitte.

Das Grunddach definiert sich durch die Fahrzeuglänge, durch die Antriebsart und durch die festgelegte Position jeder möglichen Dachluke, jeder möglichen Antenne und durch die Klimaanlage (siehe Kapitel 2.3.2 Dachmatrix). Die Ausschnitte im Sandwichdach werden im Grunddach nur vorgehalten. Die Steuerung der Ausschnitte erfolgt über die zu verbauenden Komponenten. Es werden nur diese Ausschnitte in den Fahrzeugauftrag eingesteuert und aus dem Grunddach ausgetragen, die tatsächlich benötigt werden. Somit entstehen aus den kundenneutralen vorgefertigten Grunddächern kundenspezifisch konfigurierte Dachvarianten.

Die Dokumentation aller konfigurierten Dachvarianten reduziert sich auf 22 Zeichnungen, für Grunddächer (15Stck) und für Ausschnittdarstellungen (7Stck).

⇨ Variantenbildung bei vier Fahrzeuglängen; am Bsp. 2x Solo- Fzg., 2x Gelenk- Fzg. Siehe Abbildung 6

2.3.2 Dachmatrix

In der Gesamtfahrzeugbetrachtung wurden die einzelnen Dachkonfigurationen hinsichtlich optimaler Nutzung des Bauraums, kollisionsfreier Einbaulage, Schwerpunktkoordinaten im Gesamtfahrzeug untersucht und bestimmt.
Nachfolgend sind am Beispiel 12m Solo und 18m Gelenk- Fahrzeug die unterschiedlichen Dachkonfigurationen/- matrix in Maximalausstattung dargestellt.

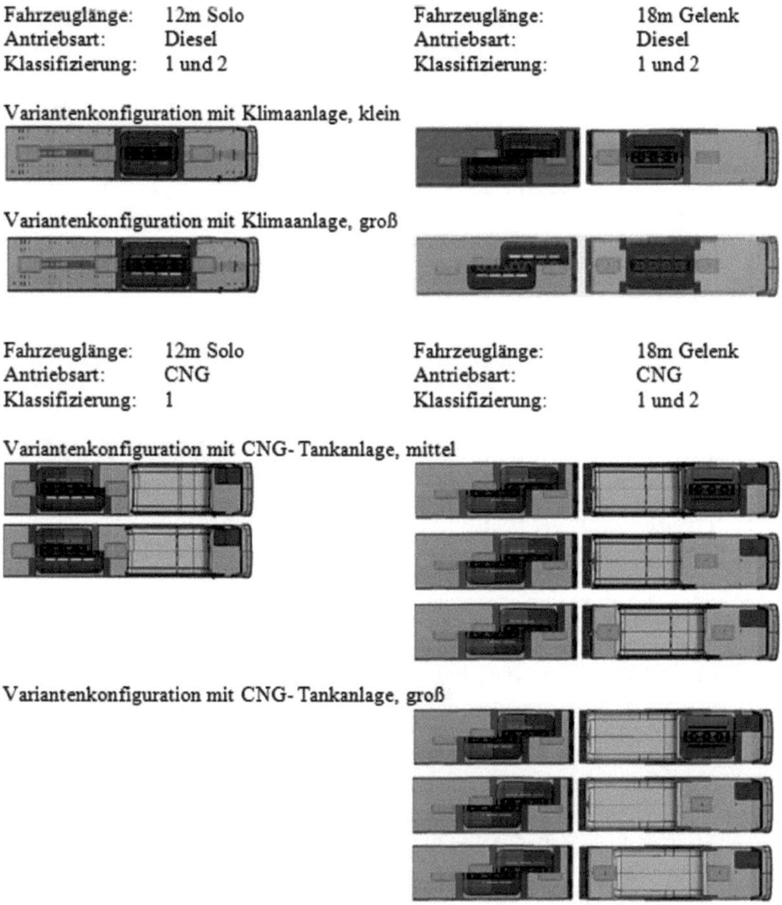

Abbildung 6: Dachmatrix, am Beispiel Bus 12m Solo- und Bus 18m Gelenk- Fahrzeug

3 Virtuelle Absicherung: Validierung & Verifizierung

Für das Genehmigungsverfahren der Zulassung eines Omnibustyps kann ein experimentelles oder ein numerisches Verfahren herangezogen werden. Wird das numerische Verfahren gewählt, muss das mathematische Modell über ein Validierungsverfahren zertifiziert werden:

Anhang XVI – Anlage 3
Validierungsverfahren

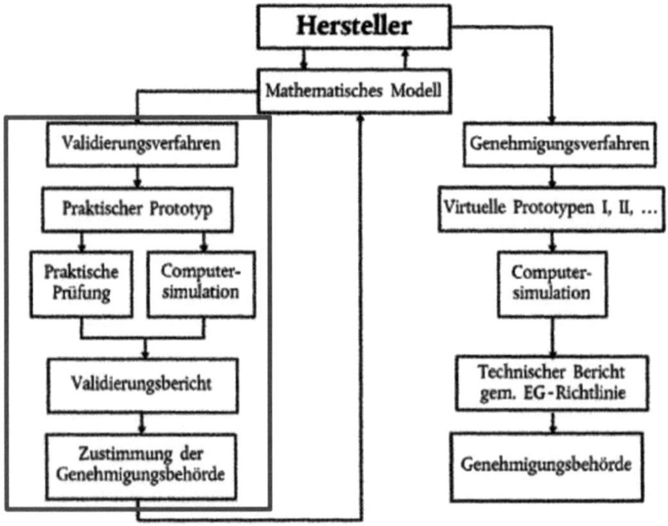

Abbildung 7: Schematische Darstellung des Validierungsverfahrens: 2007/46/EG Anhang XVI- Anlage 3 (24.02.2011) Seite:253 (http://eumos.eu/wp-content/uploads/2015/04/directive2007-46-EU-DE.pdf) [1]

Als Validierungsverfahren für die Zertifizierung des mathematischen Modells wurde an dieser Stelle ein Vergleich zwischen einem praktischen Test und einer Computer Simulation durchgeführt. Für die praktische Prüfung wurde zunächst ein „Praktischer Prototyp" als Testobjekt definiert und festgelegt.

Das Testobjekt wurde über ein Stadtbussegment dargestellt. Das Segment umfasste die vordere Gerippestruktur eines typischen Stadtbusses, ein Vorderachssegment und einen weiteren Fensterabschnitt, sodass das Segment einen nahezu halben seriennahen Stadtbus darstellte. Über das komplette Segment wurde das funktionsintegrierte

Leichtbau-Dach montiert. Das Dach enthielt alle Komponentenaussparungen, die ein typischer Stadtbus ausweisen könnte. Fensterscheiben und Sitze wurden nicht als strukturverstärkende Komponenten mit berücksichtigt. Jedoch wurde das Segment mit Zusatzmassen ausgestattet, um ein repräsentatives Gewicht im Vergleich zum Gesamtfahrzeug darzustellen und um plastische Verformungen in allen Strukturbauteilen zu generieren.

Die Computersimulation wurde und wird zukünftig mit der Software LS-DYNA [2] durchgeführt. Die zu erwarteten Ergebnisse wurden vor der praktischen Prüfung an den technischen Dienst übergeben. Während der praktischen Prüfung war der technische Dienst anwesend, sodass der erste Abgleich mit der Computersimulation direkt am Testobjekt vor Ort nach der Versuchsdurchführung erfolgen konnte.

Im Anschluss wurde durch den technischen Dienst ein Validierungsbericht erstellt und MAN Truck & Bus AG erhielt die Zustimmung des technischen Dienstes für das numerische Genehmigungsverfahren. Somit ist das mathematische Modell validiert und zertifiziert. Alle weiteren Bustypen können das Genehmigungsverfahren mit Hilfe der virtuellen Erprobung durch die Computersimulation durchlaufen. Ein realer Test für jeden einzelnen Bustyp entfällt somit.

3.1 Crashlastfall Beschreibung: ECE-R66: Was ist das?

Die ECE-R66.02 [3] ist eine gesetzliche Anforderung für Kraftomnibusse bezüglich der Crashfestigkeit. In der Norm ECE R66 ist die Umsturzsicherheit des Fahrzeugs definiert.

Das Fahrzeug steht auf einer Rampe und wird dynamisch von der 800mm hohen Plattform auf eine Betonoberfläche gekippt. Dabei muss die die potentielle Energie, die sich auf Grund der Höhendifferenz der Schwerpunkte ergibt, unter Einfluss der Erdbeschleunigung von der Fahrzeugstruktur komplett aufgenommen werden, ohne dass dabei der Überlebensraum der Passagiere tangiert wird.

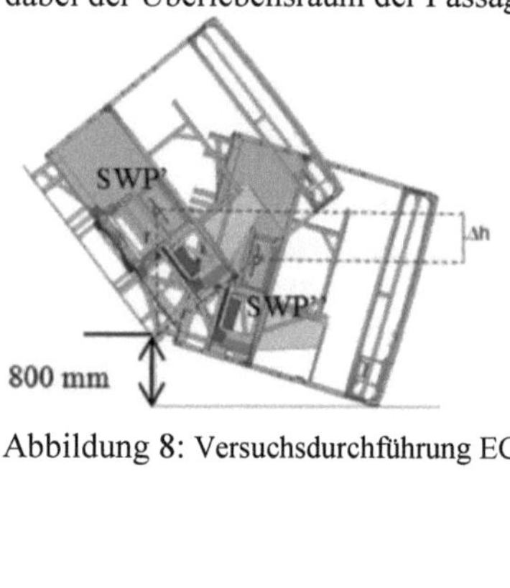

$$E_{kin} = m \cdot g \cdot \Delta h$$

Abbildung 8: Versuchsdurchführung ECE-R66.02

3.2 Ziel & Stand der Technik des Validierungsverfahrens

Das dynamische numerische Verfahren wurde bereits in der Vergangenheit an einer geschweißten Stahlstruktur zertifiziert und validiert (Siehe Karosseriebautage 2016 [4]). Ziel war es nun, das gleiche Verfahren nicht nur bei Stahlstrukturen anzuwenden, sondern auch bei alternativen Leichtbaustrukturen und bei alternativen Fügeverfahren.

Die Versuchsdurchführung der praktischen Prüfung erfolgte nach dem Stand der Technik. Das Segment wurde von einer 800mm hohen Plattform auf eine trockene Betonoberfläche gekippt. Das Anheben der Platte erfolgte langsam über einen Mobilkran. Der Mobilkran wurde konstant und langsam gefahren, damit ein dynamischer Einfluss ausgeschlossen werden konnte.

Der Test wurde durch die Aufnahmen von fünf Hochgeschwindigkeitskameras dokumentiert. In Kombination mit 2D Target Tracking Points konnte die Rotationsgeschwindigkeit zum Zeitpunkt des Auftreffzeitpunktes, die Deformation im Gerippe und die Bewegung über den Testzeitraum exakt nachvollzogen und mit der Computersimulation verglichen werden.

Über den Einsatz von Fadenpotentiometern konnten die maximalen Deformationen der einzelnen Seitenwandsäulen in Richtung des Überlebensraums bestimmt werden.

Die Trigger an jeder Seitenwandsäule auf der Umsturzseite gaben eine detaillierte Aussage über Fall-, Deformations- und Rutschverhalten des Gerippes auf dem Betonboden.

3.3 Prozesskette der virtuellen Absicherung bis zur Zertifizierung gem. ECE-R66.02

Das Validierungsverfahren besteht aus einer langjährigen Prozesskette mit zahlreichen Untersuchungen und den unterschiedlichsten Versuchen:

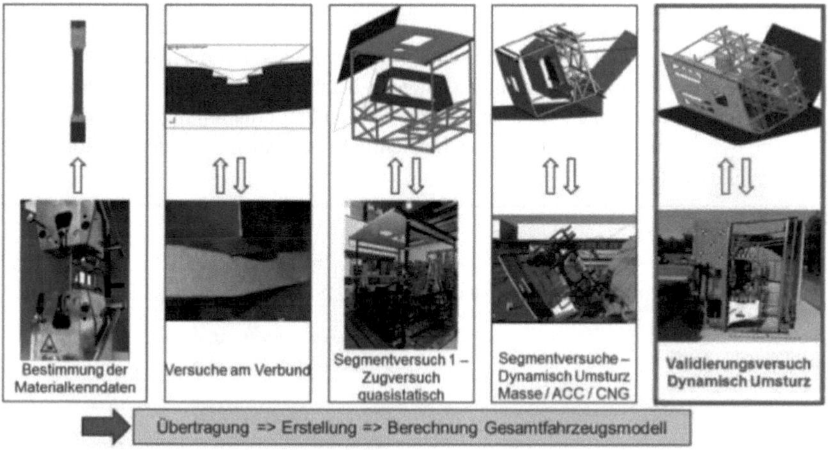

Abbildung 9: Prozesskette des Validierungsverfahrens

In allen fünf aufgezeigten Prozessschritten befinden sich reale Versuche als auch virtuelle Computersimulationen. Erkenntnisse wurden immer im folgenden Schritt mit berücksichtigt und eingearbeitet. Zunächst wurden über quasistatische Zugversuche Materialparameter verschiedener Materialien für die Computersimulation ermittelt. Auch die Materialauswahl wurde im ersten Schritt eingeschränkt, bevor 4-Punkt-Biegeversuche an den Sandwichverbunden durchgeführt wurden. Die Versuche umfassten ebenfalls verschiedene Materialkombinationen. Die Versuche im zweiten Schritt gaben zum Versagensverhalten der Materialien wichtige Erkenntnisse, die auch in der Computersimulation darzustellen sind. Im dritten Schritt wurde die Materialauswahl über die Durchführung quasistatischer Zug/Druck -Versuche an Segmenten mit verschiedenen Materialkombinationen festgelegt.

Bis zu diesen Zeitpunkt konnten alle notwendigen Eigenschaften für die Materialbeschreibung, das Versagensverhalten der Materialien für die Leichtbaukonstruktion des Daches experimentell ermittelt und in der numerischen Theorie nachgebildet werden, sodass zu jeder Zeit eine praktische Anwendbarkeit sichergestellt wurde.

Im vierten Schritt erfolgte dann eine Reihe dynamischer Tests, von den ersten Prototypen über Versuche mit unterschiedlichen Dachaufbauten, einem Überlastversuch bis zu dem eigentlichen Validierungsversuch im Beisein des technischen Dienstes.

3.4 Darstellung virtuelle Simulation im Vergleich zur praktischen Prüfung

Für den Abgleich zwischen der praktischen Prüfung und der virtuellen Computersimulation wurden verschiedene Messverfahren eingesetzt.

Die optische Auswertung erfolgte unmittelbar nach der Versuchsdurchführung direkt am Probanden. Sowohl in der praktischen Prüfung als auch in der virtuellen Simulation wurde der Überlebensraum nicht tangiert. Nahezu alle Stellen des Gerippes mit plastischen Verformungen stimmen mit der Computersimulation überein. Somit konnte eine sehr gute Übereinstimmung hinsichtlich des Ausmaßes der Verformungen festgestellt werden.

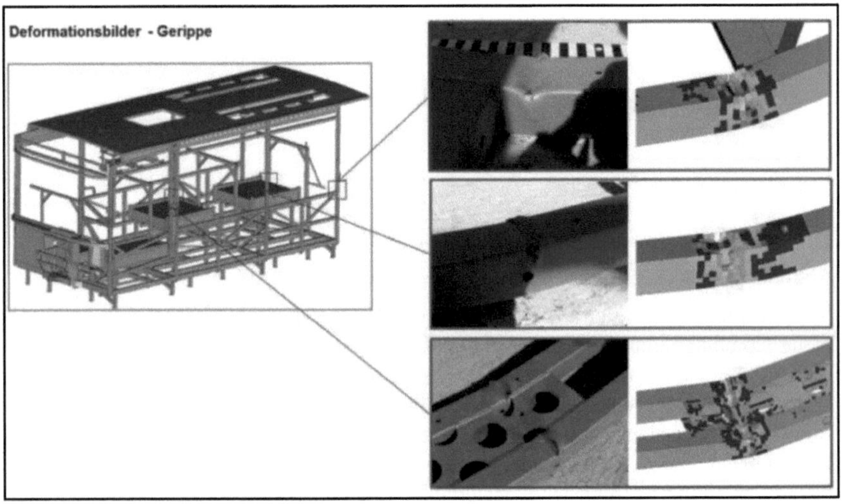

Abbildung 10: Plastische Deformationen an der Stahlstruktur

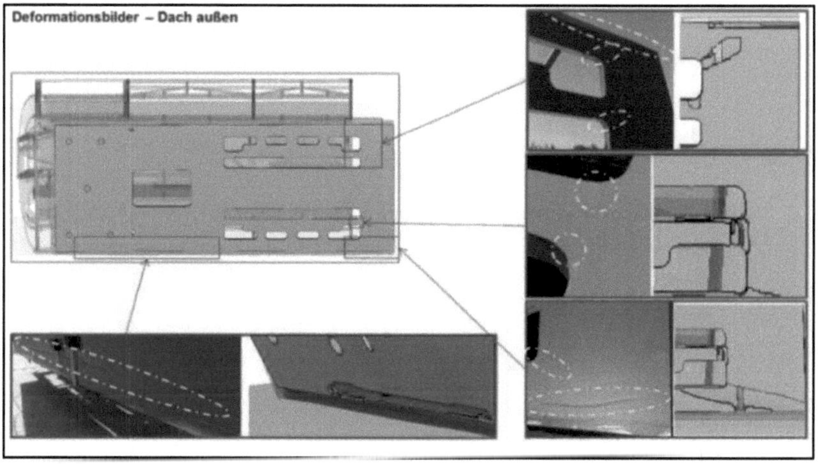

Abbildung 11: Verformungen im Dach: Ansicht von außen. Die Deckschicht wurde bei der Computersimulation ausgeblendet.

Die photometrische Auswertung in Kombination mit 2D Target Tracking Points ergab eine Abweichung des Kippwinkels zwischen der praktischen Prüfung und der virtuellen Umgebung von 0,1°. Die Rotationsgeschwindigkeit zeigt ebenfalls eine minimale Abweichung von 0,01rad/s. Somit waren die Masse des Probanden, der Schwerpunkt und auch die kinetische Energie in der praktischen Prüfung als auch im numerischen Verfahren identisch.

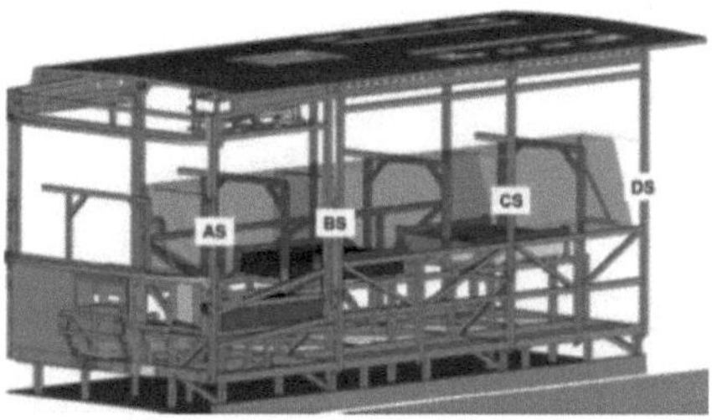

Abbildung 12: Übersicht Seitenwandsäulen

Für den Abgleich der Verformung der Seitenwandsäulen in Richtung des Überlebensraumes wurden Fadenpotentiometer verwendet. Die Potentiometer geben eine gute Tendenzaussage für die Deformation der Seitenwand. An der A-Säule und an der D-Säule konnten die Abstände zum Überlebensraum über 2D-Tracking Points ermittelt werden (Abbildungen 13-15).

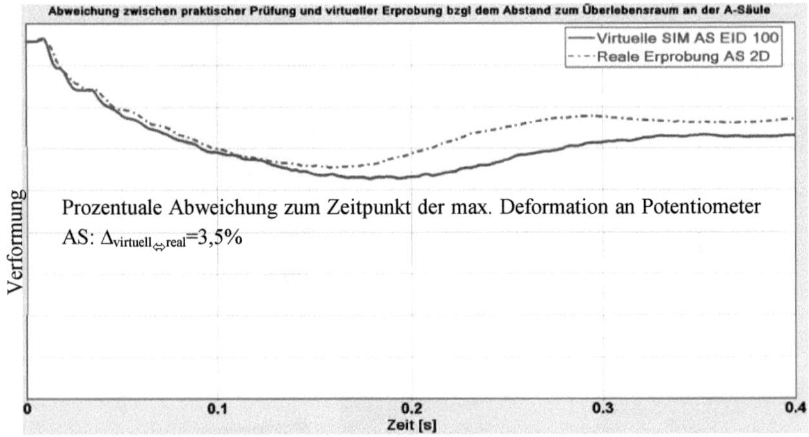

Abbildung 13: Abweichung der Verformung der A-Säule in Richtung des Überlebenraumes zwischen praktischer Prüfung und virtueller Erprobung.

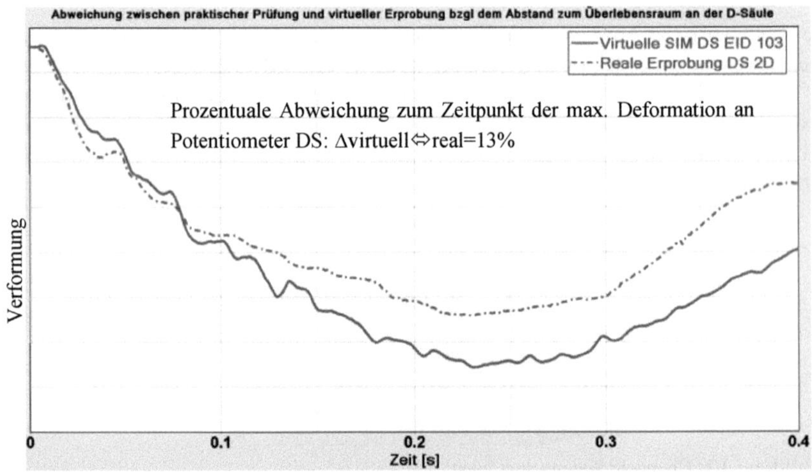

Abbildung 14: Abweichung der Verformung der D-Säule in Richtung des Überlebenraumes zwischen praktischer Prüfung und virtueller Erprobung.

Die 12 vordefinierten 2D Tracking Points auf der Vorder- und der Rück-Ansicht zeigen zwischen der praktischen Prüfung und der virtuellen Erprobung eine sehr gute Übereinstimmung in y-Richtung (Fallrichtung).

Abbildung 15: 2D Tracking Points

In Bewegungsrichtung X laufen die Kurven der realen und der virtuellen Bewertung auseinander, da der Reibkoeffizient in der praktischen Prüfung nicht ideal gleich ist über die Länge des Segments. Im Bereich der A-Säule wird das Segment in seinem Rutschvorgang gehemmt und dadurch das Rutschverhalten im Bereich der D-Säule begünstigt:

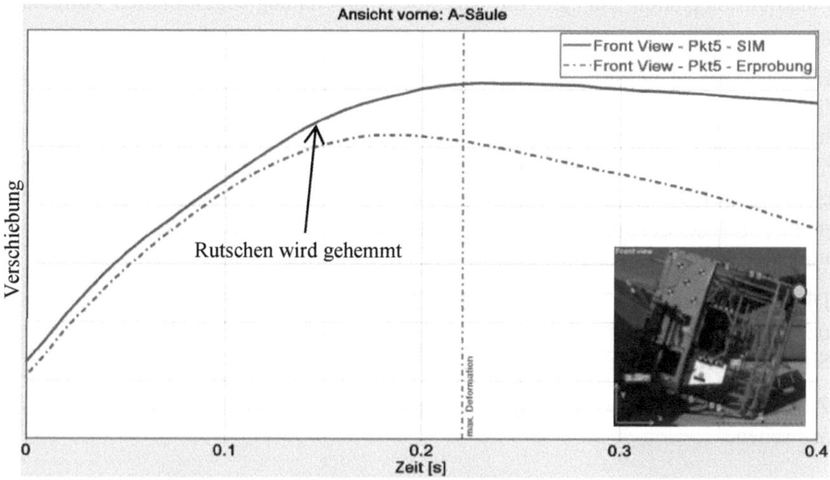

Abbildung 16: Verschiebung in X-Richtung an der A-Säule

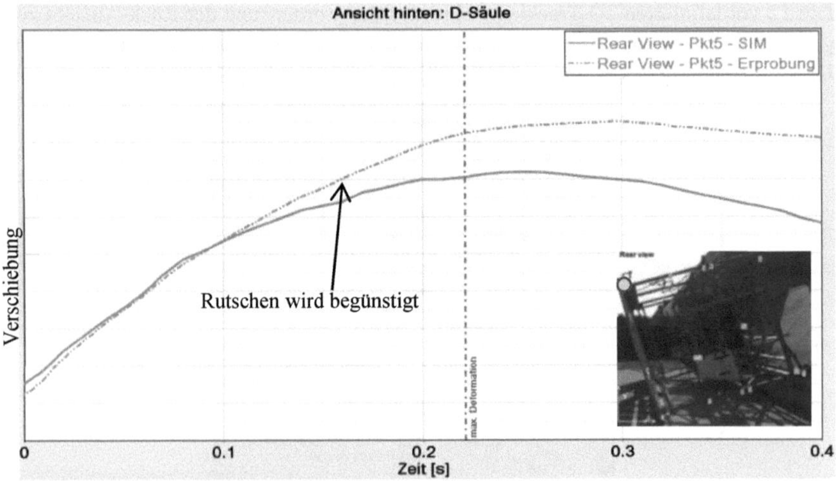

Abbildung 17: Verschiebung in X-Richtung an der D-Säule

4 Zusammenfassung & Ausblick

Wie dargelegt, muss Leichtbau nicht zwingend „erkauft“ werden. Durch den Einsatz eines Sandwichdaches können sowohl das Gewicht als auch die Herstellkosten markant reduziert werden. Dies gelingt durch eine anforderungsgerechte Materialauswahl, Funktionsintegration und einer mit der Arbeitsvorbereitung abgestimmten Vormontage.

Ein wichtiger Meilenstein zur Serieneinführung ist dabei, dass es nachweisbar möglich ist, die Homologation nach ECE-R66 0.2 über ein numerisches Verfahren zu erhalten. Das Computersimulationsverfahren bei MAN Truck & Bus AG bzgl. der Crashfestigkeit des Aufbaus von Kraftomnibussen mit einem Leichtbaudach wurde gem. der ECE-R 66.02 Regelung akzeptiert und durch den technischen Dienst genehmigt. Somit können alle zukünftigen Bustypen der MAN Truck & Bus AG über das numerische Genehmigungsverfahren zertifiziert werden.

Die Leichtbaukomponente (– das Sandwichdach) wurde (hinsichtlich ihrer Integration, der Vormontage und des strukturellen Aufbaus) bereits in der Konzeptphase mit Simulationsverfahren entwickelt und durch praktische Versuche bestätigt.

Zukünftig lässt sich dieses Konzept auch auf weitere Fahrzeugbaureihen und Derivate ausweiten.

5 Literaturhinweise

[1] N.N.: Richtlinie 2007/46/EG des europäischen Parlaments & des Rates-Zur Schaffung eines Rahmens für die Genehmigung von Kraftfahrzeugen & Kraftfahrzeuganhängern sowie von Systemen, Bauteilen und selbstständigen technischen Einheiten für diese Fahrzeuge. 5/9/2007

[2] N.N.: LS-DYNA. Livermore Software Technology Corporation (LSTC). 2013.

[3] N.N.: Regelung Nr. 66 der Wirtschaftskommission der Vereinten Nationen für Europa – Einheitliche Bedingungen für die Genehmigung von Kraftomnibussen hinsichtlich der Festigkeit ihres Aufbaus. Amtsblatt der Europäischen Union. 03/2011

[4] Dr. Roland Krivachy: Karosseriebautage Hamburg 2016 – 14. ATZ-Fachtagung, MAN-Omnibusse – Rechnungs-Messungs-Vergleich des dynamischen Umsturzes eines Gesamtfahrzeugs, Springer Vieweg. 2016

AUDI A7 – das Türsystem der zweiten Generation

Andreas Ullrich, AUDI AG

AUDI A7 - Das Türsystem der zweiten Generation

Karosseriebautage Hamburg 8. bis 9. Mai 2018

2 AUDI AG Karosseriebautage Hamburg 2018 Datum: 8.- 9. Mai 2018

AUDI A7 - Das Türsystem der zweiten Generation

› **Agenda**

› Mischbau Stahl/Aluminium
› Simulation
› Einteiliges Türinnenteil
› COP Ansatz
› Dichtungen
› Türfeststeller

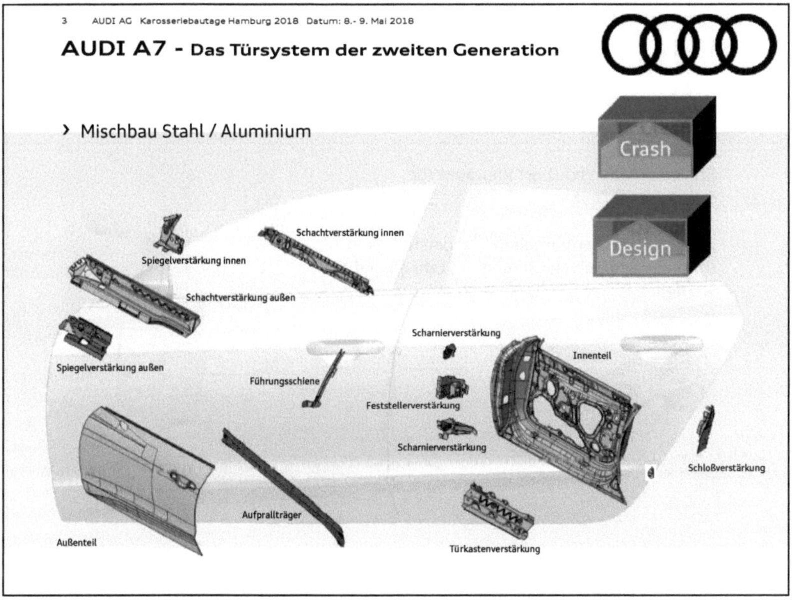
3 AUDI AG Karosseriebautage Hamburg 2018 Datum: 8.- 9. Mai 2018
AUDI A7 - Das Türsystem der zweiten Generation
› Mischbau Stahl / Aluminium
Crash
Design
Schachtverstärkung innen
Spiegelverstärkung innen
Schachtverstärkung außen
Spiegelverstärkung außen
Führungsschiene
Scharnierverstärkung
Innenteil
Feststellerverstärkung
Scharnierverstärkung
Schloßverstärkung
Aufprallträger
Außenteil
Türkastenverstärkung

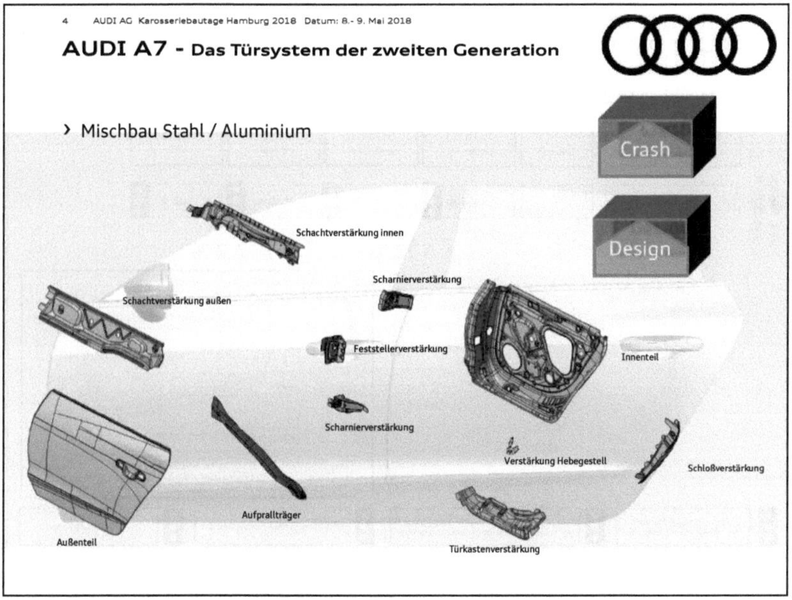
4 AUDI AG Karosseriebautage Hamburg 2018 Datum: 8.- 9. Mai 2018
AUDI A7 - Das Türsystem der zweiten Generation
› Mischbau Stahl / Aluminium
Crash
Design
Schachtverstärkung innen
Scharnierverstärkung
Schachtverstärkung außen
Feststellerverstärkung
Innenteil
Scharnierverstärkung
Verstärkung Hebegestell
Schloßverstärkung
Aufprallträger
Außenteil
Türkastenverstärkung

5 AUDI AG Karosseriebautage Hamburg 2018 Datum: 8.- 9. Mai 2018

AUDI A7 - Das Türsystem der zweiten Generation

› Mischbau Stahl / Aluminium

Steile Schulter reduziert Bauraum für Spiegelsteifigkeit

Zur Erfüllung der Vorgaben Spiegelsteifigkeit muss die Spiegelverstärkung in Stahl ausgeführt werden

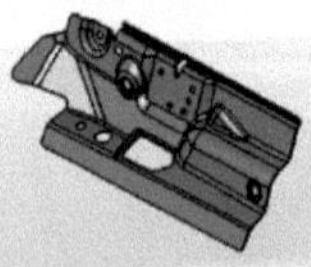

Spiegelverstärkung außen

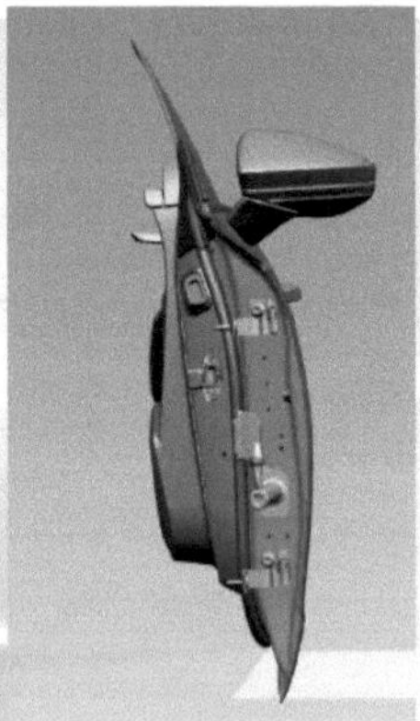

6 AUDI AG Karosseriebautage Hamburg 2018 Datum: 8.- 9. Mai 2018

AUDI A7 - Das Türsystem der zweiten Generation

› Mischbau Stahl / Aluminium / Simulation

Dyn. Spiegelsteifigkeit

Eigenschaft / Funktion	AU573 Serie	AU583 Verst. Alu	AU583 Verst. Stahl	AU583 B-frei	AU583 VFF
Spiegelmode	---	85,4 %	97,4 %	100 %	102 %

Δ 12 %   Δ 2 %

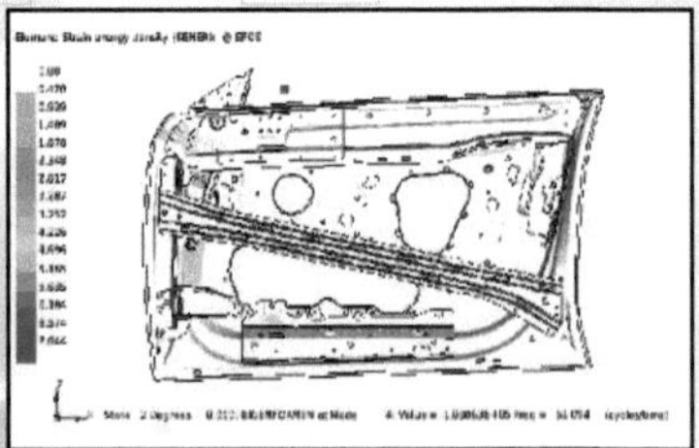

Nicht erfüllt, im Moment noch keine Lösung bekannt

Nicht erfüllt, Lösung / Prinziplösung bekannt noch nicht umgesetzt / vollständig geklärt

Erfüllt, umgesetzt / im Zielkorridor

Noch keine Aussage

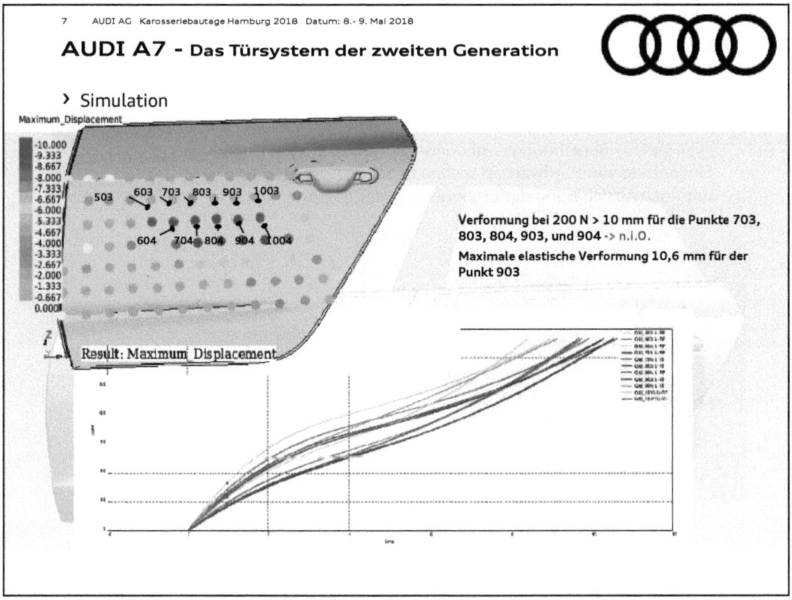
7 AUDI AG Karosseriebautage Hamburg 2018 Datum: 8.- 9. Mai 2018
AUDI A7 - Das Türsystem der zweiten Generation
› Simulation
Maximum_Displacement
-10.000
-9.333
-8.667
-8.000
-7.333
-6.667
-6.000
-5.333
-4.667
-4.000
-3.333
-2.667
-2.000
-1.333
-0.667
0.000
503
603
703
803
903
1003
604
704
804
904
1004
Result: Maximum Displacement
Verformung bei 200 N > 10 mm für die Punkte 703, 803, 804, 903, und 904 -> n.i.O.
Maximale elastische Verformung 10,6 mm für der Punkt 903

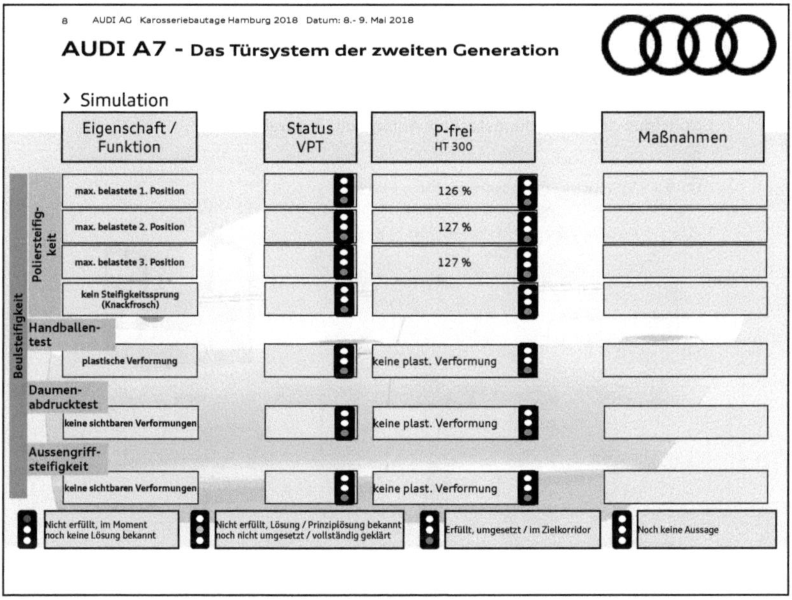
8 AUDI AG Karosseriebautage Hamburg 2018 Datum: 8.- 9. Mai 2018
AUDI A7 - Das Türsystem der zweiten Generation
› Simulation
Eigenschaft / Funktion
Status VPT
P-frei HT 300
Maßnahmen
Beulsteifigkeit
Poliersteifig-keit
max. belastete 1. Position
126 %
max. belastete 2. Position
127 %
max. belastete 3. Position
127 %
kein Steifigkeitssprung (Knackfrosch)
Handballen-test
plastische Verformung
keine plast. Verformung
Daumen-abdrucktest
keine sichtbaren Verformungen
keine plast. Verformung
Aussengriff-steifigkeit
keine sichtbaren Verformungen
keine plast. Verformung
Nicht erfüllt, im Moment noch keine Lösung bekannt
Nicht erfüllt, Lösung / Prinziplösung bekannt noch nicht umgesetzt / vollständig geklärt
Erfüllt, umgesetzt / im Zielkorridor
Noch keine Aussage

9 AUDI AG Karosseriebautage Hamburg 2018 Datum: 8.- 9. Mai 2018

AUDI A7 - Das Türsystem der zweiten Generation

› Simulation

Investi-tionen

sehr genaue Berechnungsergebnisse zur Beulsteifigkeit
Einsparung von Hardwareversuchen in der Prototypenphase
nur noch Absicherung der Ergebnisse in der Vorserie

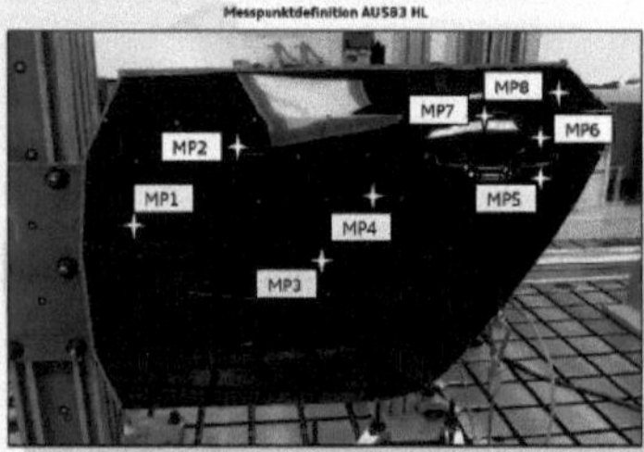

10 AUDI AG AUDI AG Karosseriebautage Hamburg 2018 Datum: 8.- 9. Mai 2018

AUDI A7 - Das Türsystem der zweiten Generation

› Simulation
Ermittlung der Verbindungstechnik Anbindung Aufprallträger

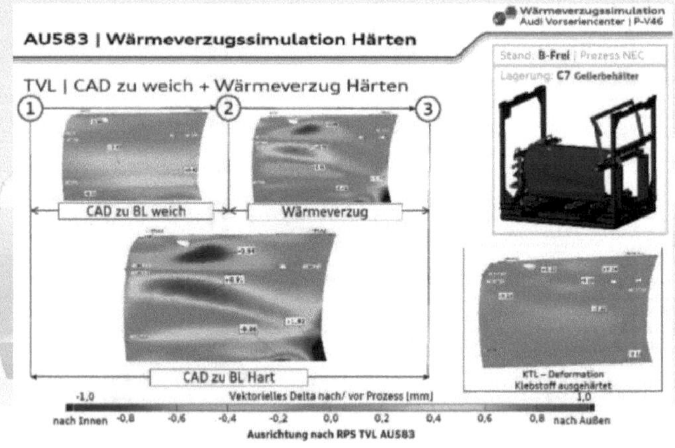

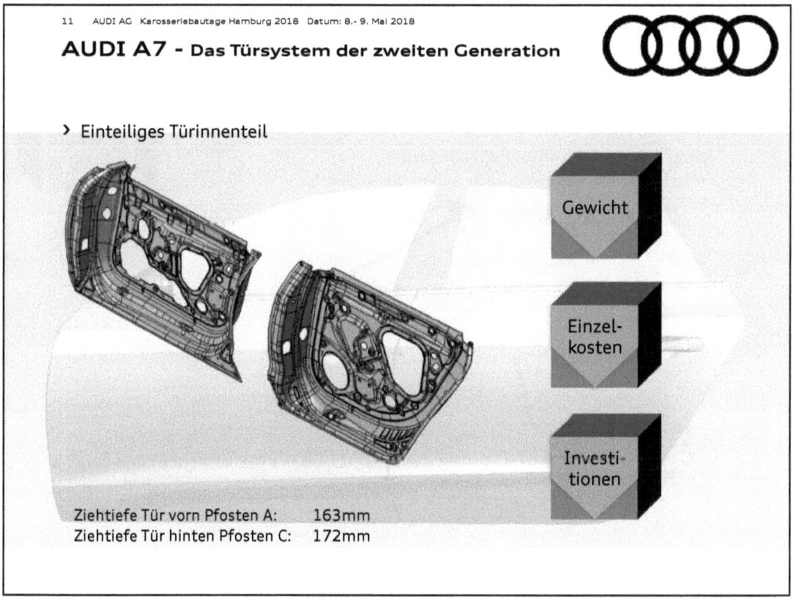
11 AUDI AG Karosseriebautage Hamburg 2018 Datum: 8.- 9. Mai 2018
AUDI A7 - Das Türsystem der zweiten Generation
› Einteiliges Türinnenteil
Gewicht
Einzel-kosten
Investi-tionen
Ziehtiefe Tür vorn Pfosten A: 163mm
Ziehtiefe Tür hinten Pfosten C: 172mm

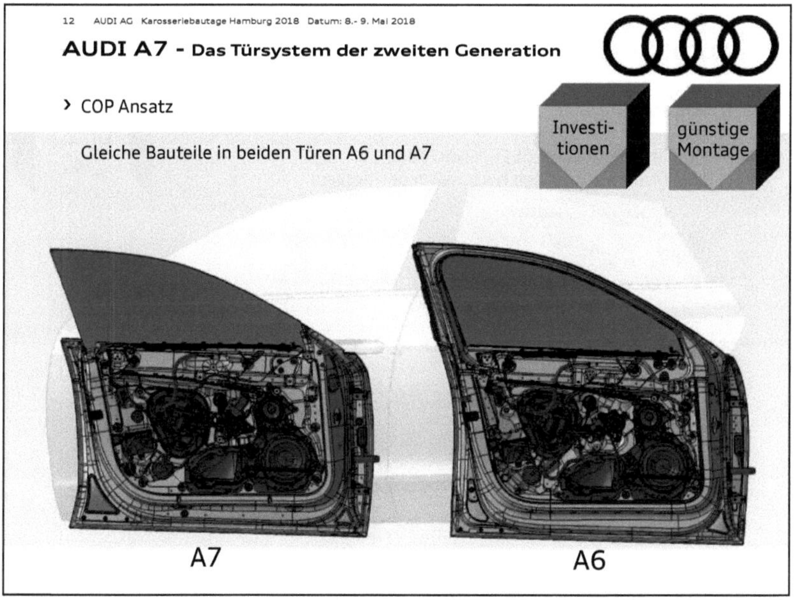
12 AUDI AG Karosseriebautage Hamburg 2018 Datum: 8.- 9. Mai 2018
AUDI A7 - Das Türsystem der zweiten Generation
› COP Ansatz
Gleiche Bauteile in beiden Türen A6 und A7
Investi-tionen
günstige Montage
A7
A6

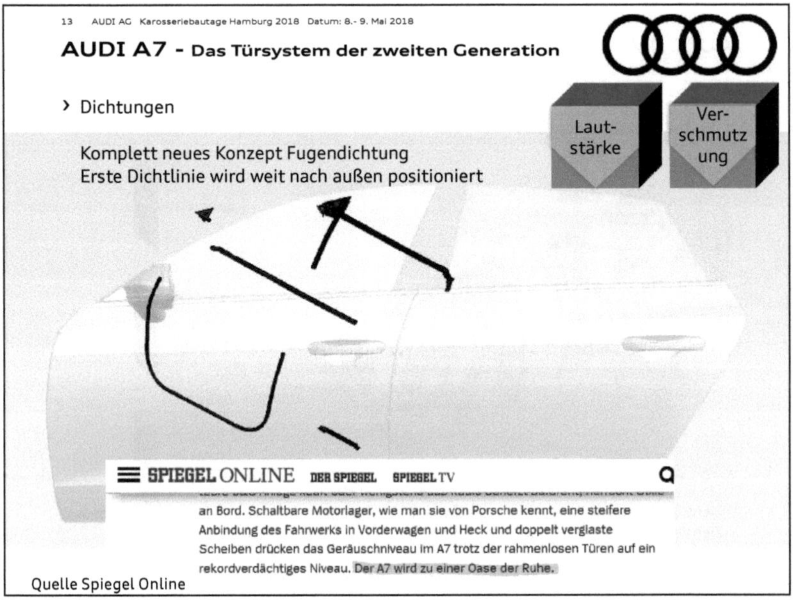
13 AUDI AG Karosseriebautage Hamburg 2018 Datum: 8.- 9. Mai 2018
AUDI A7 - Das Türsystem der zweiten Generation
› Dichtungen
Komplett neues Konzept Fugendichtung
Erste Dichtlinie wird weit nach außen positioniert
Laut-stärke
Ver-schmutz ung
SPIEGEL ONLINE DER SPIEGEL SPIEGEL TV
an Bord. Schaltbare Motorlager, wie man sie von Porsche kennt, eine steifere Anbindung des Fahrwerks in Vorderwagen und Heck und doppelt verglaste Scheiben drücken das Geräuschniveau im A7 trotz der rahmenlosen Türen auf ein rekordverdächtiges Niveau. Der A7 wird zu einer Oase der Ruhe.
Quelle Spiegel Online

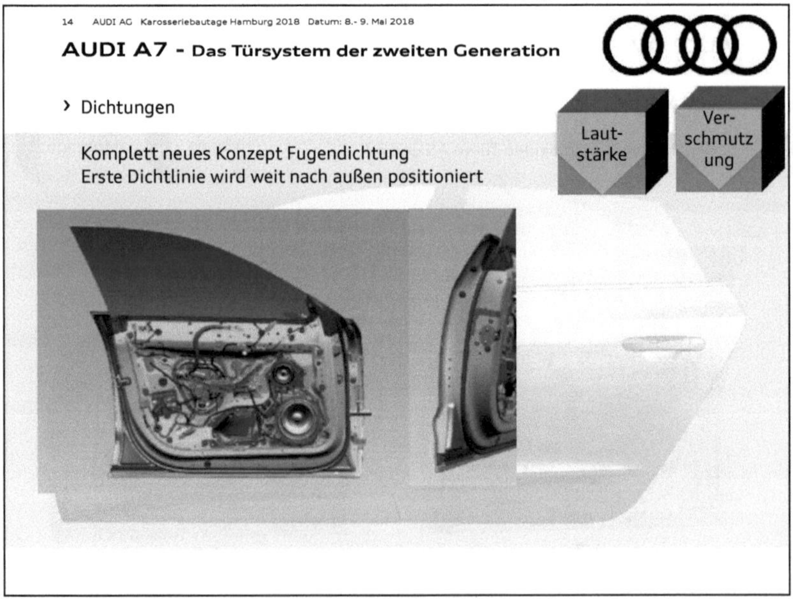
14 AUDI AG Karosseriebautage Hamburg 2018 Datum: 8.- 9. Mai 2018
AUDI A7 - Das Türsystem der zweiten Generation
› Dichtungen
Komplett neues Konzept Fugendichtung
Erste Dichtlinie wird weit nach außen positioniert
Laut-stärke
Ver-schmutz ung

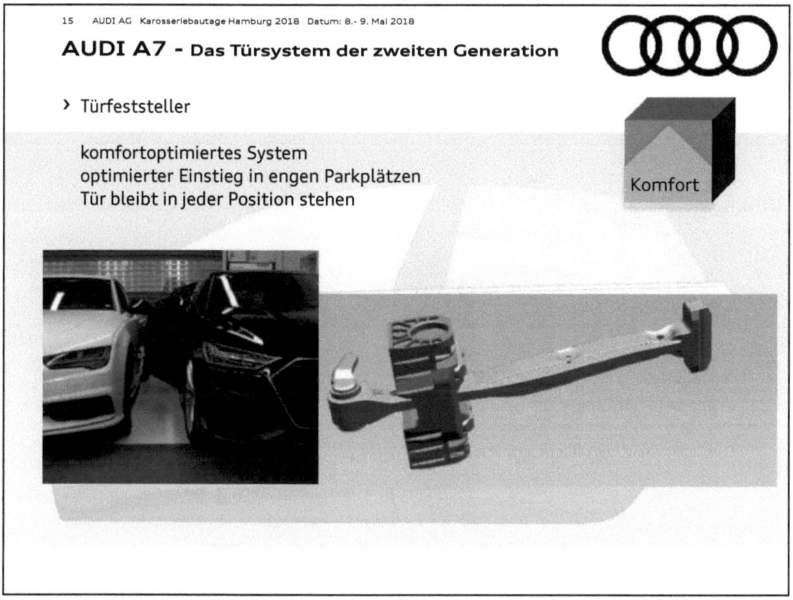
15 AUDI AG Karosseriebautage Hamburg 2018 Datum: 8.- 9. Mai 2018
AUDI A7 - Das Türsystem der zweiten Generation
› Türfeststeller
komfortoptimiertes System
optimierter Einstieg in engen Parkplätzen
Tür bleibt in jeder Position stehen
Komfort

16 AUDI AG Karosseriebautage Hamburg 2018 Datum: 8.- 9. Mai 2018
AUDI A7 - Das Türsystem der zweiten Generation
Vielen Dank für die Aufmerksamkeit

QUALITÄTSSICHERUNG

Die selbstheilende Vorrichtung – horizontale Vernetzung von Qualitätsinformationen im Karosseriebau

Dr. Frank Breitenbach, Andreas Friedrich
(beide EDAG Production Solutions GmbH & Co. KG),
Markus Reisinger (EDAG Engineering GmbH)

Einleitung

Während der Inbetriebnahme einer Rohbauanlage stößt man auf einen Konflikt zwischen virtueller und realer Welt. Fakt ist nämlich, dass in der realen Produktion nahezu keine Vorrichtung so betrieben wird, wie sie einst vom Konstrukteur entwickelt wurde. Aufgrund von Bauteil- und Werkzeugtoleranzen, die sich zudem auch noch überlagern können (Fehlerfortpflanzung) muss jede Vorrichtung zu ihrer Inbetriebnahme eingemessen und angepasst werden. In der Regel geschieht das Anpassen mittels Shimmen, also dem Einsatz von Unterlegelementen, für die auch grundsätzlich innerhalb der Vorrichtungen Platz vorgesehen ist.

Der vorliegende Beitrag beschreibt einen Ansatz, der aus der Not der Praxis heraus geboren wurde: die Information, wie eine Vorrichtung angepasst wurde, ist zwar meist vorhanden, wird aber nicht weiter verwendet bzw. nachgehalten.

Toleranzberechnungen und Toleranzsimulationen gehören mittlerweile fest zum Entwicklungsprozess der OEMs und weitestgehend auch der Systemlieferanten. Im Normalfall starten die Toleranzsimulationen schon in der Konzeptphase, spätestens aber mit Beginn der Entwicklungsphase und somit beruhen die Eingangsgrößen wie Aufnahmekonzepte/RPS, Bauteiltoleranzen und Zusammenbaukonzepte zunächst auf Annahmen, Entwürfen und/oder Erfahrungswerten. Da es später in der realen Fertigung zu Abweichungen kommen kann und um vor allem auf Schwankungen von Bauteiltoleranzen reagieren zu können, wurde von EDAG ein Prozess zur Toleranzsimulation in der Fertigung entwickelt.

Im Sinne der Industrie 4.0, die den wesentliche Aspekt der horizontalen Vernetzung von Daten zur Generierung von Semantiken, eventuell sogar Ontologien beinhaltet, werden nun auf Basis der Informationen aus Shim-Prozess und Toleranzsimulation Rückschlüsse auf die Historie der Bauteile (Werkstoff, Umformprozess etc.) und auf deren Zukunft (Toleranzentwicklung bei Baugruppen bis hin zur Rohkarosse) möglich.

In letzter Konsequenz sorgt dieses Vorgehen für eine Art „Selbstheilung" innerhalb des Karosseriebaus, da das System an sich, in kurzen Regelschleifen, auf Toleranzschwankungen reagieren und somit die geometrische Qualität der Rohkarosse deutlich verbessern kann.

Selbstheilende Vorrichtungen – ein Ansatz

Die Möglichkeit zur horizontalen Vernetzung von Systemen über den Austausch von Daten und Informationen ist eines der wichtigsten Merkmale der Industrie 4.0. Dabei ist zu beachten, dass nicht allein die Bereitstellung oder das Sammeln von Daten und Informationen ausreicht. Vielmehr muss deren geeignete Aufbereitung und Auswertung dafür sorgen, dass eine möglichst effektive Rückführung der systemimmanenten, unstrukturierten Information ins Produktionssystem erfolgen kann.

Im vorliegenden Beitrag wird dies am Beispiel der Bauteiltoleranzen im Karosserierohbau aufgezeigt. Viele Parameter sind hierbei zu berücksichtigen: Blechstärke, Walzrichtung, Werkzeugverschleiß, Handlingsfehler etc. sowie die Einrichtung von Greifern und insbesondere Spannvorrichtungen. I. d. R. werde diese „auf null eingestellt“ (also gemäß der Konstruktionsvorlage) mit entsprechenden Einstellmöglichkeiten ausgeliefert. Das eigentliche Einmessen und Anpassen erfolgt dann im Rahmen der Inbetriebnahme bzw. des Anlagenanlaufs.

Während dies für die einzelne, isoliert betrachtete Vorrichtung noch eine überschaubare Aufgabe darstellt, wird die ganzheitliche Betrachtung des Themas deutlich komplexer. Denn es genügt nicht, nur das separierte Bauteil zu betrachten. Letztlich setzt sich die Fahrzeugkarosse aus vielen Bauteilen zusammen. Toleranzschwankungen können sich also verstärken und u. U. auch aufheben. Folglich ist die Toleranzbreite, in der sich Bauteildaten bewegen dürfen letztlich eine Grundvoraussetzung für die Beherrschung der Gesamtdarstellung einer Fahrzeugkarosse, letztlich entscheidet aber das Zusammenspiel aller Bauteile über das Qualitätsergebnis.

Um diese ganzheitliche Aufgabe lösen zu können, wurde bei EDAG ein Werkzeug zur Toleranzsimulation entwickelt, das das oben beschriebene Zusammenspiel der Bauteile simuliert und auch die Möglichkeit zur Rückkopplung auf die einzelnen Komponenten des Produktionssystems bietet.

Toleranzsimulation

Das klassische Toleranzmanagement während der Entwicklungsphase versucht zu einem recht frühen Zeitpunkt, für alle definierten Qualitätsmerkmale eines Produkts den vom OEM angestrebten Gutanteil zu erreichen. Dies wird durch verschiedene Optimierungsansätze wie z. B. Konzeptvergleiche, Variation von Montageabläufen, Einschränkung von Bauteiltoleranzen oder auch Aufweitung von Toleranzvorgaben erreicht. Im Gegensatz dazu verfolgt die Toleranzsimulation in der Fertigung primär ein anderes

Ziel: das Anliegen hierbei ist die Kontrolle und das Gegensteuern von aus der Mitte des Toleranzfeldes laufenden Mittelwerten der Qualitätsmerkmale. Dementsprechend kann man diese Art der Toleranzsimulation auch als eine Art Regelung ansehen, da der Prozess sehr eng an die laufende Fertigung angelehnt ist. Bedingt durch die hohen Stückzahlen eines Fahrzeugs über den gesamten Produktionszeitraum (je nach OEM nicht selten ein bis zwei Millionen Fahrzeuge) kommt es bei einigen Derivaten zu Tagesstückzahlen von zwei- bis dreitausend Fahrzeugen im Dreischichtbetrieb. Es ist daher sinnvoll, die Berechnung des Simulationsmodells möglichst täglich mit aktuellen Daten durchzuführen. Die durch die Simulation prognostizierten Ergebnisse können dann je nach Dringlichkeit mit der Fertigung kommuniziert und daraus Stellmaßnahmen abgeleitet werden. Aus dieser sehr kurzfristig durch das Simulationsmodell bereitgestellten Prognose der Fahrzeugqualität entsteht ein Zeitvorteil gegenüber derzeit gängigen Kontrollmechanismen, welche in aller Regel die Überprüfung der Qualität erst am fertigen Fahrzeug ermöglichen.

Angenommen die Gesamtfertigungsdauer eines Fahrzeugs vom Anfang bis zum Ende der Fertigungslinie dauert ca. 50 Stunden und die Messdaten, welche im Modell eingelesen werden sollen, stehen am Ende des Karosseriebaus, je nach Fahrzeugtyp beispielsweise nach 20 Stunden, für die Berechnung im Simulationsmodell zur Verfügung. Unter Nutzung des Regelprozesses beträgt der Zeitvorteil rund 25 Stunden, wenn man davon ausgeht, dass die Berechnung mit Analyse der Ergebnisse in etwa nur fünf Stunden dauert. Der Zeitgewinn, welcher durch die Anwendung der simulierten Fertigungsprognose entsteht entspricht damit ca. einem Tag bzw. drei Fertigungsschichten. Wird nun basierend auf der Simulation ein Merkmal am Ende der Fertigung als nicht inner halb der Vorgabe liegend prognostiziert, kann frühzeitig mit einer Stellmaßnahme gegengesteuert werden und so die potenzielle Nacharbeit von (im ungünstigsten Fall) ca. 2500 Fahrzeugen vermieden werden.

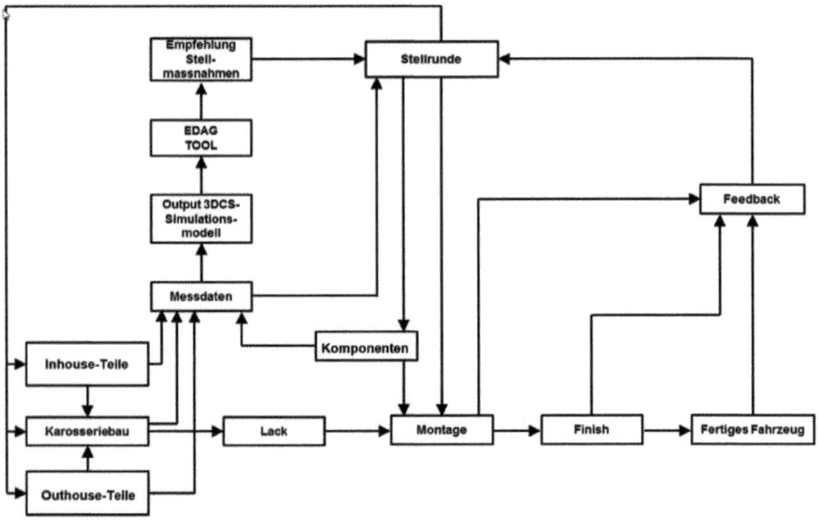

Bild 1: Prozess der Toleranzsimulation (eigene Darstellung)

Messdatenanbindung

Die Grundlage der Messdatenanbindung im Simulationsmodell basiert auf dem täglichen Einlesen von realen Messwerten der Fertigung. Die so erhaltenen rohen Messdaten können durch automatisierte Makros in das für 3DCS passende Format umgewandelt werden. Die Syntax der Messpunktbenennung ist dabei prinzipiell variabel, sollte aber möglichst frühzeitig – am besten bereits zum Ende des entwicklungsbegleitenden Toleranzmanagements – definiert werden. So kann im Idealfall das dafür verwendete Simulationsmodell modifiziert und weiterhin genutzt werden. Je nach gewünschtem Detaillierungsgrad können prinzipiell alle Bau- oder Unterbaugruppen als Messdaten eingelesen und im Modell als Basis für die Simulation verwendet werden. Einzige Voraussetzung ist, dass eine ausreichende Anzahl an gemessenen Teilen und kontinuierlich Messdaten zur Verfügung stehen. Je nach Zusammenarbeit mit den Zulieferfirmen kann es dabei zu größeren Intervallen der Messdatenaktualisierungen kommen. Wichtig ist es daher, die Zulieferer möglichst früh in die Namensfestlegung der Punktenamen miteinzubeziehen.

Simulationsmodell

Als wichtigster Punkt muss für den Aufbau des Simulationsmodells die Besichtigung der Fertigungslinie genannt werden, da es oft nach Abschluss des entwicklungsbegleitenden Toleranzmanagements noch kleinere Änderungen für die Fertigungsplanung gibt, die nicht immer dokumentiert bzw. rückkommuniziert werden. Im Idealfall ist diese Besichtigung in regelmäßigen Abständen zu wiederholen, um ein möglichst aktuelles und realitätsnahes Simulationsmodell und damit Berechnungsergebnis zu gewährleisten. Für die Abbildung der Montageabläufe der Fertigung wird die Simulations-software 3DCS verwendet. Als Funktionalität darin enthalten ist neben der Monte-Carlo-Simulation ein Modul zur Berechnung von Geometriefaktoren (GeoFactor Analyse). Im 3DCS-Simulationsmodell werden alle Montageabläufe der Fertigung unter Verwendung sogenannter „Moves“ und der Berücksichtigung aller Baugruppen, Vorrichtungen und natürlich der Montagereihenfolge abgebildet. Für alle Bereiche werden entsprechend der zu untersuchenden Merkmale Messungen im Modell erzeugt, die dann mittels Monte-Carlo-Simulation berechnet werden. Zusätzlich wird für alle Messungen noch die GeoFactor-Analyse zur Ermittlung der Geometriefaktoren durchgeführt. Die Ergebnisse fließen als Eingangsgrößen ins Stellmaßnahmentool.

Stellmaßnahmentool

Das EDAG-Tool wurde entwickelt um für die Fertigung gezielt Empfehlungen von Stellmaßnahmen zu ermöglichen. Im Gegensatz zur klassischen Toleranzanalyse, bei welcher für die Toleranzen meist keine Mittelwertverschiebungen berücksichtigt werden, sind in der realen Fertigung alle Toleranzen grundsätzlich von Mittelwertverschiebungen betroffen.

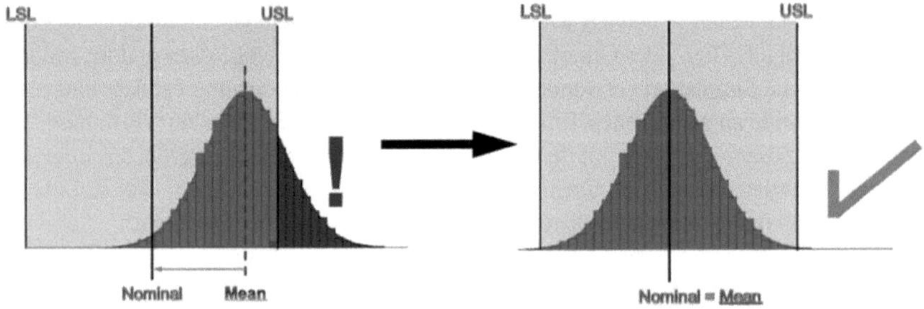

Bild 2: Korrektur der Mittelwertverschiebung (eigene Darstellung)

Die Mittelwertverschiebungen sind in den aus der Fertigung bezogenen Messdaten enthalten und werden im EDAG-Tool verarbeitet. Zunächst wird mit Hilfe der GeoFactor-Analyse ermittelt, welche Beitragleister mit welchem Geometriefaktor in das jeweilige Merkmal eingehen. Die in den Messdatendateien enthalten Punkte sind in Form von relativen Koordinatenabweichungen bezogen auf die Nominalkoordinaten angegeben. Für die Messdaten der Bauteilpunkte werden die Mittelwertabweichungen gebildet. Diese Mittelwertabweichungen der Bauteilpunkte sind repräsentativ für die aktuelle Fertigungssituation. Der Geometriefaktor wirkt damit wie eine Art Übersetzung auf die Mittelwertabweichungen der Rohbaustreuung der Einzelpunkte. Das Produkt aus Geometriefaktor und Mittelwertabweichung wird im EDAG-Tool definiert als MARS (Mittelwert Abweichung durch Rohbau-Streuung). Im EDAG-Tool wird der Einfluss aller Bauteilmesspunkte auf alle betroffenen Merkmale gleichzeitig berücksichtigt. Dies wird durch eine Matrix aller "MARS"-Werte erreicht. Durch die Matrix wird in der Beitragleisterliste eines Merkmals die Möglichkeit geschaffen, für jeden Bauteilmesspunkt die durch diesen absolut verursachte Mittelwertverschiebung direkt abzulesen.

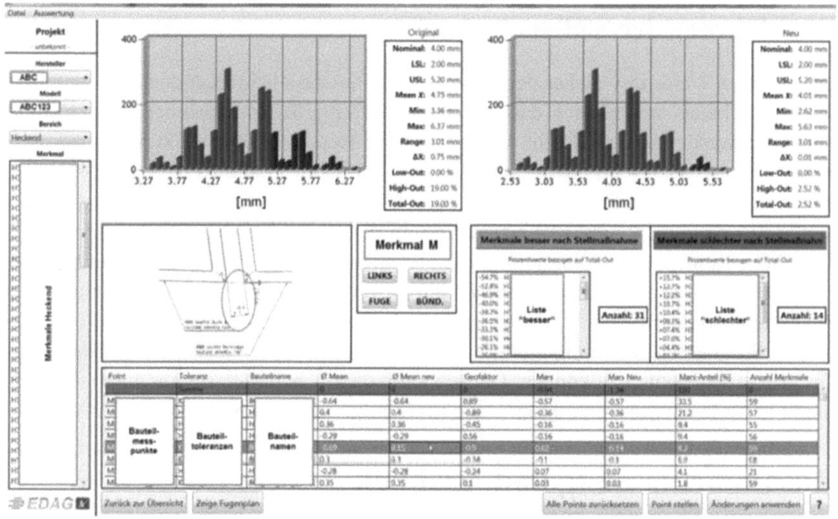

Bild 3: EDAG-Stellmaßnahmen-Tool (Screenshot)

Außerdem erhält man eine Information zum prozentualen Anteil, welchen jeder einzelne Bauteilmesspunkt an der gesamten Mittelwertverschiebung hat und eine Aussage dazu, in wie vielen anderen Merkmalen der Bauteilmesspunkt ebenfalls noch als Beitragleister wirkt. Für die Visualisierung der Häufigkeitsverteilung werden die Rohdaten der Monte-Carlo-Simulation herangezogen und alle relevanten Parameter neben dem Diagramm dargestellt. Führt man für einen Bauteilmesspunkt eine Stellmaßnahme durch, so ändern sich immer auch die Lage der Häufigkeitsverteilung und damit die Lage bezogen auf die Spezifikationsgrenzen des Merkmals. Dementsprechend wird mit einer Stellmaßnahme auch eine Neuermittlung des Gutanteils vom Tool durchgeführt. Um die durch eine Stellmaßnahme sowohl positiv als auch negativ bewirkten Änderungen sofort erkennen zu können, wird nach dem "Stellen" eine Liste "Besser" und eine Liste "Schlechter" erzeugt. Darin sind alle sonstigen durch diese Stellmaßnahme betroffenen Merkmale aufgeführt mit der jeweiligen prozentualen Änderung des Gutanteils und der absoluten Anzahl der zu erwartenden Merkmale, welche "besser" bzw. "schlechter" werden.

Rückführung der Stellmaßnahmen

Die Art und Weise in welcher der gesamte Regelprozess beim Kunden implementiert wird, entscheidet maßgeblich darüber, wie kurzfristig Stellmaßnahmen bewertet und umgesetzt werden können. Ist die Versorgung mit Messdaten über die kundenspezifisch adaptierbaren Makros und damit der tägliche Simulationsdurchlauf des 3DCS-Modell gewährleistet, können theoretisch auch täglich Meetings zur Diskussion der empfohlenen Stellmaßnahmen durchgeführt werden. In der Praxis hat sich allerdings eine wöchentliche Runde zur Abstimmung dieser Themen bewährt, da damit eine bessere statistische Grundlage für alle Stellmaßnahmen erreicht wird. Um beim Kunden das unverzichtbare Vertrauen in das System zu schaffen, sollten zu Beginn kleine bzw. selektive Stellmaßnahmen durchgeführt werden, um direkt die Auswirkungen daraus in der Praxis beobachten zu können. Danach kann dann – natürlich immer durch Abstimmung im Rahmen der "Stellrunde" – die Einflussnahme schrittweise gesteigert werden.

Zusammenfassung und Ausblick

Der vorliegende Beitrag beschreibt die konsequente Umsetzung der horizontalen Vernetzung von Komponenten eines Produktionssystems im Sinne der Industrie 4.0.

Speziell geschieht dies am Beispiel des Toleranzmanagements im Karosserierohbau. Der hier vorgestellte Ansatz zeigt, wie vorhandene Daten und Informationen über ein bereits im Einsatz befindliches Tool zur Toleranzsimulation ausgewertet und wie diese dann zielgerichtet in das Produktionssystem zurückgespielt werden können. Ziel des Procederes ist eine deutliche Qualitätssteigerung und die damit einhergehende Verringerung des Nacharbeitsaufwandes, da Toleranzabweichungen (verursacht durch systematische Fehler) frühzeitig erkannt werden.

Die Entwicklung und der Einsatz der Toleranzanalyse in der Fertigung an sich befinden sich derzeit in einem noch recht jungen Stadium. Aufgrund der Komplexität des Systems und den Voraussetzungen für die Anwendung wird das Prinzip derzeit von einigen wenigen OEMs überhaupt eingesetzt. Es birgt insbesondere dort ein hohes Potential zur Qualitätsoptimierung und Kosteneinsparung, wo eine gute Versorgung mit Messdaten aus der Fertigung und ein hohes Maß an Innovationsbereitschaft im gesamten Unternehmen vorhanden sind und diese Innovationsbereitschaft zudem gelebt wird. Der große Vorteil des Systems ist die quantitative Aussage darüber, an welche Stelle ein Bolzen in einer Vorrichtung gestellt werden muss, um ein zu verbesserndes Merkmal bezüglich Mittelwert wieder auf das gewünschte Maß zu bringen. Damit ergibt sich ein Zeitvorteil, der sich direkt in einer Kosteneinsparung widerspiegelt. Das kommt daher, weil nach der Stellmaßnahme nicht darauf gewartet werden muss, bis die von der Stellmaßnahme betroffenen Fahrzeuge am Ende der Fertigungslinie angekommen sind, um dort dann ggf. festzustellen, dass die Maßnahme nicht oder nur teilweise zielführend war und anschließend iterativ weitere Korrekturen der Stellmaßnahmen durchgeführt werden müssen (Trial and Error). Die Aktualität und realitätsnahe Darstellung aller relevanten Fertigungsabläufe im Simulationsmodell in Kombination mit der täglichen Messdatenversorgung haben als Basis für die Empfehlung und Umsetzung der Stellmaßnahmen oberste Priorität.

Ausblickend wird neben der Weiterentwicklung des Simulationstools weitere Arbeit in die möglichst effiziente Rückführung der gewonnenen Information in die einzelnen Vorrichtungen gesteckt werden müssen. Denkbar sind bspw. Ansätze über Stellmotoren, deren wirtschaftliche Machbarkeit einer eigenen Untersuchung bedarf.

Abstrakter ist in diesem Zusammenhang das Generieren von Wissen aus den vielfach vorhandenen Daten und Informationen mit dem Ziel, noch schneller oder gar proaktiv mit Toleranzschwankungen umgehen zu können.

Virtuelle Validierung der dimensionalen Fahrzeugqualität

Jens Fischer, Opel Automobile GmbH

VIRTUELLE VALIDIERUNG DER DIMENSIONALEN FAHRZEUGQUALITÄT

Jens Fischer
Variation Analysis & Visualization
Dimensional Engineering

2002 Diplom TU Darmstadt
Elektrotechnik, Fachrichtung Regelungs- und Automatisierungstechnik

Bis 2005 Betrandt AG Toleranzmanagement
Ab 2006 Adam Opel AG Dimensional Engineering

16. ATZ-Fachtagung
„Karosseriebautage Hamburg"
2018

www.opel.com

CONTENT

1. **Introduction (Dimensional Engineering)**
2. **Languages….**
3. **Common Languagc?!**
4. **Different Approachs**
5. **Evolution steps and actual solutions**
6. **Examples**
7. **Outlook**

3

DIMENSIONAL ENGINEERING AT OPEL

Main Topics of Dimensional Engineering (DE):

- Coordinate, Define and Control all gaps / offsets the customer will see through complete development process
- Support chassis, interior, HVAC and electric with studies for functional, space and interference questions

→ Total View of car

4

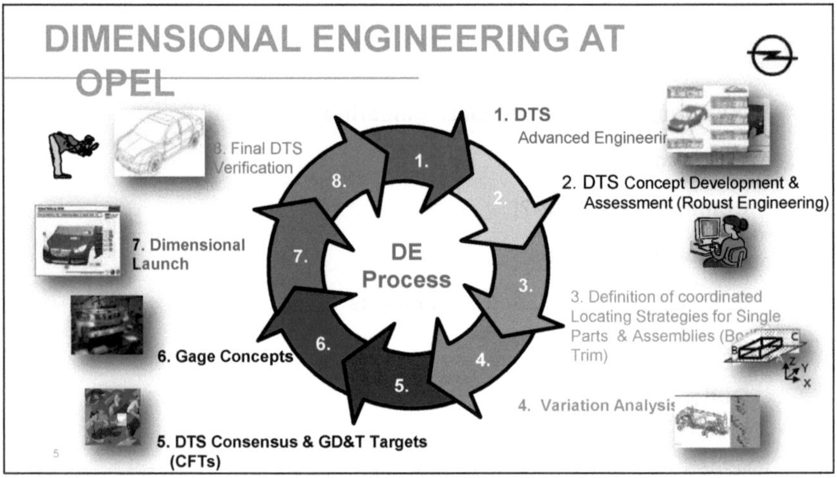
DIMENSIONAL ENGINEERING AT OPEL
1. DTS
Advanced Engineerir
2. DTS Concept Development & Assessment (Robust Engineering)
3. Definition of coordinated Locating Strategies for Single Parts & Assemblies (Bo
Trim)
4. Variation Analysis
5. DTS Consensus & GD&T Targets (CFTs)
6. Gage Concepts
7. Dimensional Launch
. Final DTS Verification
DE Process
1.
2.
3.
4.
5.
6.
7.
8.
5

PSA GROUPE EUROPEAN SITES
PCD
OPEL
GROSS-BRITANNIEN
Ellesmere Port
Luton
Nordsee
Ostsee
DEUTSCHLAND
POLEN
Eisenach
Rüsselsheim
Kaiserslautern
Gliwice
Tychy
SLOWAKEI
Trnava
ÖSTERREICH
Aspern (Wien)
Szentgotthárd
UNGARN
Valenciennes
Lieu-Saint-Amand
Caen
Rennes
Charleville-Mézières
Poissy
Metz
Mülhausen
Sochaux
FRANKREICH
Vigo
PORTUGAL
Mangualde
Saragossa
Madrid
SPANIEN
Mittelmeer
→ Different language
→ Different cultures
6

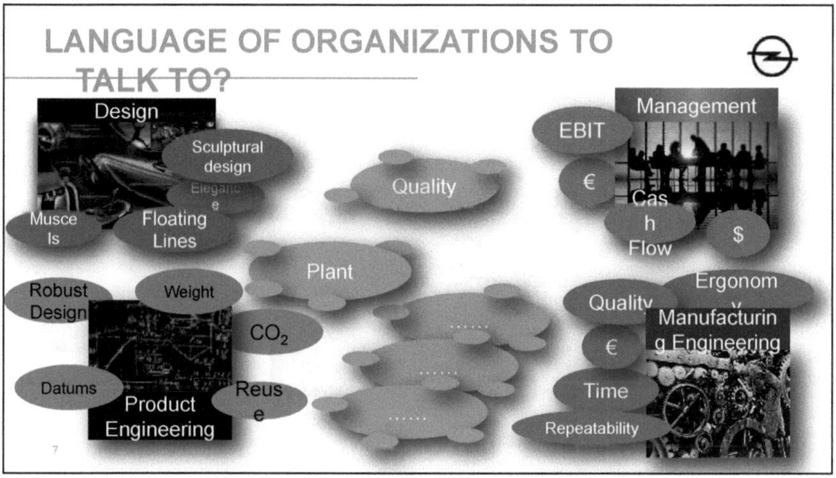
LANGUAGE OF ORGANIZATIONS TO TALK TO?
Design
Sculptural design
Elegance
Musce ls
Floating Lines
Quality
Management
EBIT
€
Cash Flow
$
Plant
Robust Design
Weight
CO2
......
Quality
Ergonomy
Manufacturing Engineering
€
......
Datums
Reuse
Time
Product Engineering
......
Repeatability
7

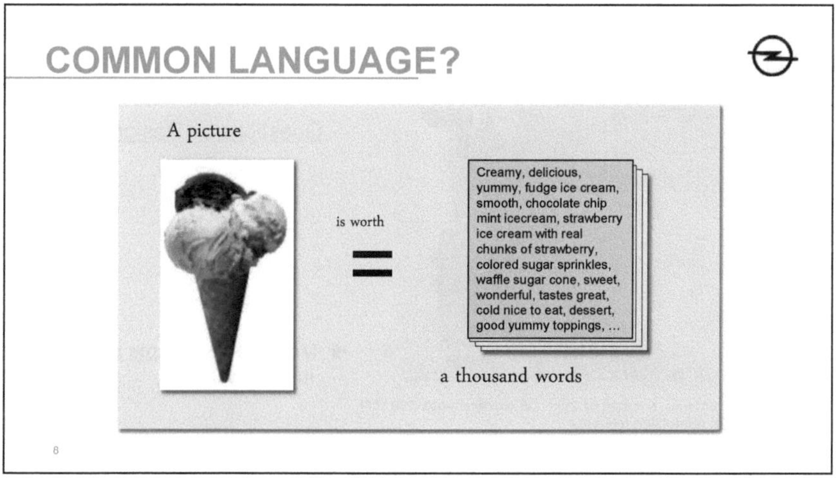
COMMON LANGUAGE?
A picture
is worth
=
Creamy, delicious, yummy, fudge ice cream, smooth, chocolate chip mint icecream, strawberry ice cream with real chunks of strawberry, colored sugar sprinkles, waffle sugar cone, sweet, wonderful, tastes great, cold nice to eat, dessert, good yummy toppings, ...
a thousand words
8

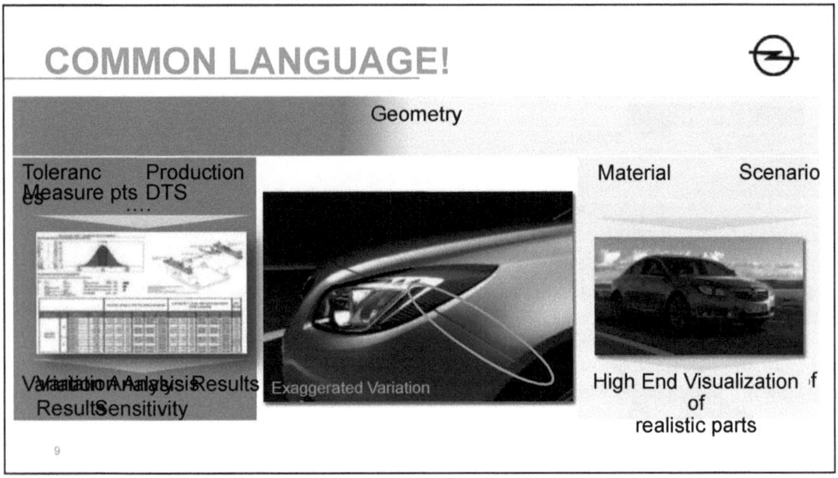
COMMON LANGUAGE!
Geometry
Toleranc es
Production
Measure pts
DTS
....
Variation Analysis Results
Variation Analysis Results Sensitivity
Exaggerated Variation
Material
Scenario
High End Visualization of realistic parts
9

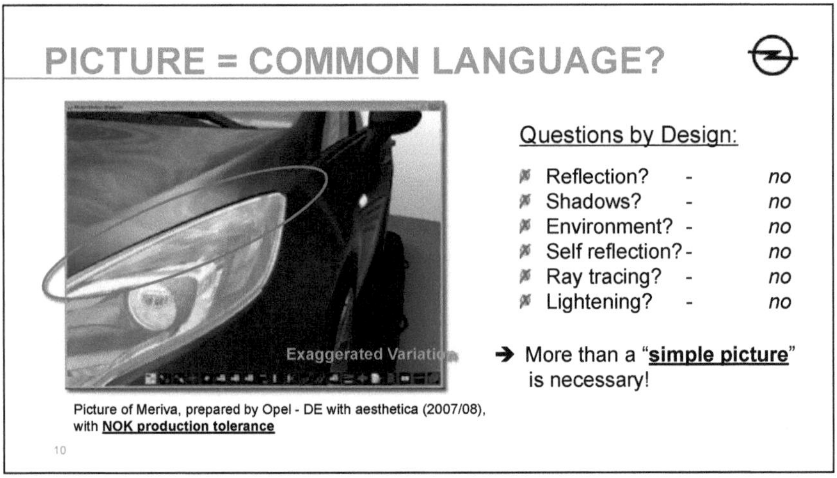
PICTURE = COMMON LANGUAGE?
Exaggerated Variation
Questions by Design:
Reflection? - no
Shadows? - no
Environment? - no
Self reflection? - no
Ray tracing? - no
Lightening? - no
➔ More than a "simple picture" is necessary!
Picture of Meriva, prepared by Opel - DE with aesthetica (2007/08), with NOK production tolerance
10

DIFFERENT APPROACHS

1. Dimensional Management Forum deutscher OEMs
2. CAD CAM Kreis
   → Anforderungskatalog an die Toleranzvisualisierung

This document has been distributed to all interested companies with the idea, that they present solutions / ideas how to visualize tolerances

11

EVOLUTION OF SOLUTIONS AT OPEL

DCS – 3DCS
Variation Analysis ~ 1998

Icona – aesthetica
Visualization of Variations ~2005

3DEXCITE – DeltaGen
aesthetica import ~2010
*3DCS import ~2012
* Excelimport ~2014
* ToleranceViz ~2015

12

FINAL (ACTUAL) SOLUTION AT OPEL

- 3DCS – “interface” – 3DXCITE Deltagen

DCS

Standard:
- Set up of Variation Analysis Model

Visualization:
- Definition of material parameters
- Definition of Spec Studies

“Interface”
Exports geometry, „Spec studies“, View points, Material information

3DEXCITE

Visualization:
- Rework materials (automated process)
- Define environment

Export:
- Live Demonstration
- Flash File / HTML5 File
- Movie

13

EXAMPLES OF TOLERANCE VISUALIZATION OUTPUT

- Flashfile – ADAM

- Video – Insignia

14

OUTLOOK

- 2018 – Change from Teamcenter / UG to ENOVIA / Catia at Opel
- Optimization of data flow and reuse of existing tools (Experience platform)
- Integration of DCS results (selection of sample output)
- Integration of compliant modeler results (finite element, heat elongation…)
- Real Interface / Integration
- Integration of Plant data
- Continuous improvement in quality and usability

15

Jens Fischer

ANY QUESTIONS

THANK YOU!

- # Texte

- Management: Allianz-Chef Diekmann, Bilanzpressekonferenz 2013: „...Eine weitere Stoßrichtung, um unsere Wettbewerbsfähigkeit zu verbessern, ist der globale Ausbau unseres Kfz-Geschäfts in Zusammenarbeit mit Automobilherstellern. So haben wir beispielsweise gemeinsam mit VW ein Autoversicherungs-Joint-Venture gegründet, dessen Angebote sich an die Kunden dieser Marke wenden. Auch mit anderen Automobilherstellern wird die bestehende Zusammenarbeit weiter vertieft, etwa mit Ford, BMW oder Peugeot-Citroen (PSA).
  Operative Exzellenz und verbesserte Ergebnisse suchen wir auch über die Bündelung komplementärer Stärken. Ein Beispiel ist die Zusammenlegung unserer Einheiten in Belgien und den Niederlanden unter einer gemeinsamen Führung. Dadurch erreichen wir in beiden Märkten die erforderliche kritische Größe, um durch Investitionen in IT und Vertrieb unsere Marktpositionen zu verbessern..."

- Insignia Pressetext – Designsprache: Markante neue Proportionen erzeugen eine schlanke, tiefliegende und langgezogene Silhouette. Der neue Radstand verleiht dem neuen Insignia eine hochwertige und kraftvolle Anmutung. Das dynamische Profil sieht aus, als ob sich der neue Insignia permanent in einer Vorwärtsbewegung befinden würde. Die schwungvolle Linienführung macht das Fahrzeug so lang wie möglich, um so das coupéhafte Design zu betonen.
  Das Dach ist 30 mm niedriger als beim Vorgängermodell, und der neue Insignia liegt tiefer auf der Straße. Fahrer und Beifahrer sitzen jetzt weiter entfernt, um das Raumgefühl gegenüber dem Vorgänger zu verbessern. Die charakteristische Designlinie an der Seite beginnt an der unteren Fensterlinie der vorderen Tür und zieht sich bis zum Heck. Sie verleiht dem neuen Insignia eine gestreckte Proportion und lässt das Auge von der Front bis zum Heck gleiten. Die Seitenflächen sind geprägt durch das spannungsvolle Zusammenspiel von skulpturalen Formen und exakten Linien. Die sichelförmige Sicke im unteren Türbereich fängt das Licht und zieht die Aufmerksamkeit zum Heck des Fahrzeugs. Sie macht den neuen Insignia nicht nur optisch niedriger und schmaler, sondern ist auch mit den Zierleisten der Fenster verbunden und verleiht ihm eine permanente Vorwärtsbewegung.

- Eis: Creamy, delicious, yummy, fudge ice cream, smooth chocolate- chip mint icecream, strawberry ice cream with real chunks of strawberry, colored sugar sprinkle, waffle sugar cone, sweet, wonderful, tastes great, cold, nice to eat. Dessert, good yummy, toppings, chocolate sprinkles, comforting, good, fun, ...

MOBILITÄT DER ZUKUNFT

Antriebsmix für die zukünftige Mobilität – aber welcher?

Prof. Dr.-Ing. Volkher Weißermel, HAW Hamburg

1 Einleitung

Alternative Antriebskonzepte stellen mit ihrem jeweils ganz spezifischen Platz- und Sicherheitsbedarf den Karosserie- und Gesamtfahrzeugentwickler vor große Herausforderungen. Die vorzuhaltenden Package-Räume variieren stark, je nach Alternative. Die Möglichkeiten reichen von einfachen elektrischen Antrieben mit verhältnismäßig kleinem Batteriespeicher bis zu E-Antrieben mit Brennstoffzelle als Energiewandler, ein, zwei Wasserstofftanks und Hochvoltbatteriepack. Daneben existieren mit den Plug-In-Hybriden Antriebssysteme mit zwei Motoren und zwei Energiespeichern. Es ist eine komplexe Aufgabe, verschiedene Konzepte in ein und dieselbe Fahrzeug-Plattform zu integrieren. Je höher der Aufwand, desto wichtiger ist es, frühzeitig zu wissen, welche alternativen Antriebssysteme sich durchsetzen werden.

In der Politik mehren sich europaweit die Stimmen, die den Verzicht auf den Verbrennungsmotor schon in wenigen Jahren fordern. Jedoch ist bei weitem noch nicht geklärt, mit welcher Antriebsart die verschiedenen Verkehrsträger nach Durchsetzung einer "Verkehrs-Energiewende" unterwegs sein werden. Welche Antriebstechnik ist vom Energieeinsatz und dem Nachhaltigkeitsgrad sinnvoll und können wir uns diese leisten? Welche Schritte der Verkehrsenergiewende ist der (Privat-)Kunde bereit mitzugehen? Was wird ihn das kosten, was kostet es die Automobilhersteller und die Volkswirtschaft? Hierzu ist es notwendig, Sektoren übergreifende Überlegungen anzustellen, denn die Verkehrsenergiewende ist Teil der ganzheitlichen Energiewende. Zukünftig wird der größte Teil der Energiebereitstellung durch Strom aus erneuerbarer Energie ("EE-Strom") erfolgen müssen. Dieser Beitrag versucht, drei verschiedene Ansätze für ein zukünftiges Antriebsportfolio im Verkehrssektor hinsichtlich Nachhaltigkeit, Primärenergieaufwand, Machbarkeit und Kundennutzen zu vergleichen.

2 Politische Vorgaben

Die Fortschreibung der Energiewende wird in bestimmten Zeithorizonten, den Meilensteinen, vorgegeben. Wichtigste Meilensteine sind die Jahre 2030 und 2050. Die Ziele des Pariser Klimaschutzabkommens hat die Bundesregierung in eine Richtlinie „Klimaschutzplan 2050“ aufgenommen. Die anthropogen verursachten Treibhausgase (THG) müssen gegenüber 1990 um 55% bis 2030 und um 80% bis 95% bis 2050 reduziert werden [1, 3], Abbildung 1. Im vergangenen Herbst hat die Bundesregierung erkannt, dass das Ziel für 2020 (- 40%) nicht mehr zu erreichen ist und dieses auf die Jahre 2023 bis 2025 verschoben.

Im "Klimaschutzplan 2050" wird erstmals ein Minderungsziel für den Verkehrssektor festgelegt: Der Verkehr muss seine Treibhausgasemissionen bis 2030 um 40 % gegenüber 1990 auf dann max. 98 Mill. t CO_2-Äquivalente reduzieren [1, 3]. Für 2050 wird erwartet, dass in der Schwerindustrie und für die Wärmeerzeugung die vorgegebenen Minderungsfaktoren nicht zu schaffen sind, so dass dem Verkehr die Aufgabe übertragen wird, Treibhausgase im Betrieb ab 2050 komplett zu vermeiden. In Abbildung 1 sind die Vorgaben für den Verkehr rot gestrichelt eingezeichnet. Die CO_2-Emissionen des Verkehrs konnten bisher nicht reduziert werden, sondern haben mit 166,8 Mill. t gegenüber 163 Mill. t in 1990 sogar zugenommen.

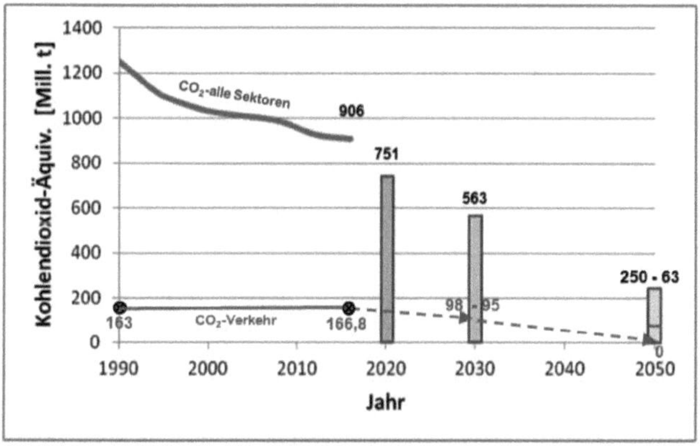

Abb. 1: Treibhausgasemissionen bis 2016 (gemessen) und politisch gesetzte Meilensteine

Die EU-Kommission hat am 8. Nov. 2017 neue Zielvorgaben für die THG-Emissionen neuer Pkw und leichter Nfz in der EU vorgeschlagen [2]. Die durchschnittlichen CO_2-Emissionen sollten im Jahr 2030 um 30 Prozent niedriger sein als 2021.

3 Methodik

Motivation dieser Studie ist der Versuch einer Umsetzung der Regierungsrichtlinie in unterschiedliche konkrete Antriebsportfolios und die Diskussion deren Machbarkeit zu Zeiten der Meilensteine 2030 und 2050. Als Arbeitsgrundlage wurden verwendet:

- die Gesamtmenge der in Deutschland im Jahr 2016 verkauften Kraftstoffe, getrennt nach Benzin, Pkw-Diesel und Nutzfahrzeug-Diesel [3, 4]
- Angaben von Umwelt-Bundesamt und Bundesministerien zu den 2016 emittierten Treibhausgasen des Verkehrs, aufgeschlüsselt nach Verkehrsträgern [3, 4, 5]
- die Fahrzeugbestandszahlen für 2016 des Kraftfahrt-Bundesamtes [6, 7]
- die Richtlinie "Mobilität im Jahr 2050" der Bundesregierung 2016 und die Vorschläge der Europäischen Union zur THG-Reduzierung im Jahr 2030 [1, 2].

Zur Vorgehensweise bei der Berechnung von Energie und Treibhausgasen:

- Die Umrechnungen zwischen den verschiedenen Energieträgern erfolgen über Heizwerte bzw. chemische Reaktionsgleichungen und daraus abgeleitete Emissionsfaktoren. Die Verbrennung eines Kraftstoffs K ergibt die CO_2-Masse/100km:

$$m'_{CO_2} = C_K \cdot V'_K \cdot \rho_K \quad [kgCO_2/100km] \tag{1}$$

mit: C_K - Emissionsfaktor, V - Verbrauch, ρ_K - Kraftstoffdichte

  Mit Hilfe von Gl.(1) lässt sich ebenso aus den quantitativen Angaben der CO_2-Emission auf den Kraftstoffverbrauch zurückrechnen.

- Die Treibhausgasemissionen werden als CO_2-Äquivalente angegeben.
- Für die Vergleichbarkeit von fossiler und strombasierter Energie, wird der Verbrauch flüssiger und gasförmiger Kraftstoffe in die Einheit kWh bzw. TWh umgerechnet
- Eine Zielgröße ist der Primärenergieeinsatz, für dessen Ermittlung Wirkungsgradketten von der Quelle bis zum Rad (WTW) aufgestellt werden.
- Rechenoperationen zu THG mit Benzinmengen wird ein biogener Kraftstoffanteil von 5%, mit Dieselmengen von 7% abgezogen, da politische Richtlinien die Treibhausgasbeiträge biogener Kraftstoffe zu Null setzen.

4 Erster Meilenstein: 2030

In der Diskussion, welche CO_2-Minderungspfade beschritten werden sollten, setzt die bundesdeutsche und die europäische Politik fast durchgängig auf die Elektrifizierung des Verkehrs. Dieser Ansatz ist, physikalisch betrachtet, der beste, nutzt er doch die guten Wirkungsgrade der Gesamtenergiekette. Er soll hier als "Effizienz optimierter Ansatz" (EoA) bezeichnet werden. Der Energieverbrauch von der Quelle bis zum Ladestecker (Well-to-Plug, WTP) hängt stark von der Stromerzeugung ab, Abbildung 2.

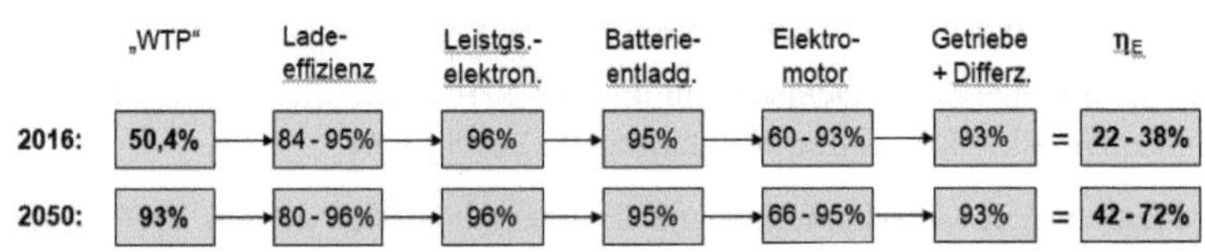

Abb. 2: Well-to-Wheel-Wirkungsgradkette ("WTW") des Batterie-elektrischen Pkw, mit Strommix 2016 (oben) bzw. Strom aus zu 100% erneuerbarer Energie ("EE") für 2050 (unten)

Der WTP-Wirkungsgrad wird bis zur vollständigen Substitution fossiler Kraftwerke in einer Spanne von $50{,}4\% \leq \eta_{WTP} < 93\%$ liegen.

4.1 Effizienz optimierter Ansatz (EoA)

Wie lässt sich der Effizienz optimierte Ansatz gestalten, wie viele Fahrzeuge müssen dafür in 2030 elektrifiziert sein, wie viel elektrische Energie muss dann zusätzlich für den Verkehr bereit gestellt werden?

Laut Umweltbundesamt hat der Verkehr in Deutschland 2016 insgesamt 166,8 Mill. t Treibhausgase (CO_2-Äquivalente) ausgestoßen [3, 12]. Hiervon gehen 158 Mill. t zu Lasten des Straßenverkehrs [4]. Die Summenverbräuche und zugehörigen Treibhausgasemissionen der verschiedenen Verkehrsträger sind in Abb. 3 zusammengestellt.

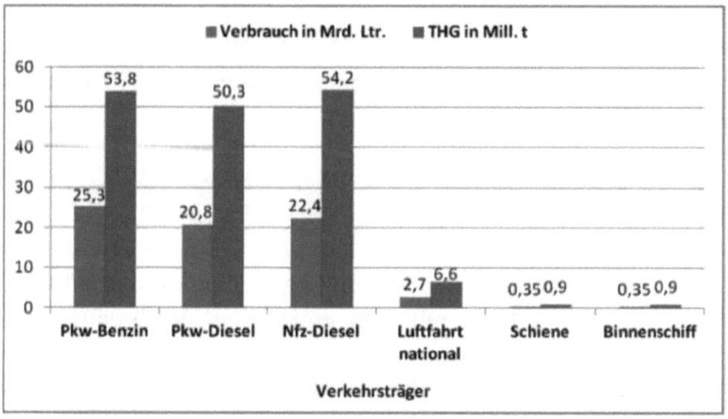

Abb. 3: Verbrauch in Mrd. Liter Kraftstoff und THG-Emissionen in Mill. t des Verkehrs in 2016

Es besteht die Aufgabe, den Antriebsmix so zu verändern, dass im Jahre 2030 der Verkehr insgesamt nur noch 98 Mill. t $CO_{2,eq}$ emittiert.

4.1.1 Straßengüterverkehr

Prognosen besagen, dass der Straßengüterverkehr auf Grund von zunehmender Wirtschaftsleistung in 2030 um ca. 22% mehr "Tonnen-Kilometer" gegenüber 2016 leistet [3]. Es werde angenommen, dass durch technische Verbesserungen, wie z.B. Teilhybridisierung des Antriebstrangs, Absenkung der Fahrwiderstände, in dem Zeitraum ca. 7% Wirkungsgradverbesserungen greifen werden. In diesem Szenario wird nun vorgeschlagen, zur Lastenhefterfüllung 1,5 Mill., entsprechend 67% der leichten Nutzfahrzeuge im Jahr 2030 als reine Elektrofahrzeuge (Battery electric vehicle, "BEV") fahren zu lassen. Mit diesen Vorgaben würde sich in 2030 ein THG-Beitrag des Straßengüterverkehrs von 41,1 Mill. t ergeben. Die Einsparung gegenüber heute liegt wegen des Anstiegs der Transportleistung nur bei 13 Mill. t.

4.1.2 Motorisierter Individualverkehr (Pkw)

Die Hauptlast der THG-Einsparung liegt somit beim Individualverkehr. Es wird davon ausgegangen, dass Flugzeuge noch keinen Beitrag zur Emissionsreduzierung leisten können. Somit muss die Menge der Pkw die eigenen THG`e bis 2030 von heute 104,2 Mill. t $CO_{2,eq}$ auf 48 Mill. t reduzieren. Welche Konsequenzen hat das für den Antrieb, wie viele BEV braucht es? Zunächst werden folgende Annahmen getroffen:

- Die Zahl der Pkw in Deutschland geht auf Grund von steigenden Kauf- und Energiepreisen, verbessertem ÖPNV sowie vermehrtem Carsharing und Robotaxi-Nutzung um 15% auf 38,8 Mill. Stück zurück.
- Wegen höherer Durchdringung mit Mild-Hybrid-Antrieben, verbesserter Verbrennungsmotoren und verringerter Fahrwiderstände wird für 2030 eine Verbrauchsminderung von 15% angenommen.

Wie das Ergebnis zeigt, erfordert das THG-Einsparziel von 56 Mill. t schon im Jahr 2030 eine Flotte von z.B. 8 Mill. Plug-In-Hybrid-Fahrzeugen und 8 Mill. reinen Elektro-Pkw (BEV), darunter eine große Zahl Robotaxis. Robotaxis sind autonom fahrende (City-)Autos, die über Internet-Plattformen angemietet werden können. Die restlichen knapp 23 Mill. Pkw fahren mit konventionellen Verbrennungsmotoren und Mild-Hybrid-Elektrifizierung. Mit dem so veränderten Antriebsmix ergibt sich eine rechnerische Reduzierung der von der Pkw-Flotte emittierten THG´e um 56.7 Mill. t.

Es entstehen aber auch bei der Stromherstellung für Elektrofahrzeuge Treibhausgase entsprechend dem 2030 vorliegenden Strommix aus fossilen und erneuerbaren Energieträgern, die nach dem Verursacherprinzip dem Energiesektor angerechnet werden.

4.1.3 Antriebsmix 2030 mit Effizienz optimiertem Ansatz

Das beschriebene Szenario ergibt folgenden Antriebsmix mit dabei Tank-to-wheel ("TTW") erzeugten THG-Emissionen:

Tab. 1: Antriebsmix und verbleibende Treibhausgase 2030 im EoA-Szenario

Sektoren	Antr. elektrifiziert:	Antrieb konventionell	emittierte THG:
Nutzfahrzeuge:	1,5 Mill. BEV	1,4 Mill. Dieselfzge.	41,1 Mill. t
Pkw	8,0 Mill. BEV	8,0 Mill. Dieselfzge.	21,9 Mill. t
	8 Mill. Plug-In-H.	14,8 Mill. Benzinfzge	25,6 Mill. t
Flugverkehr,nation.		Kerosinkr.	6,9 Mill. t
Binnenschiff, Bahn		Dieselkrst.	2,2 Mill. t
Summe THG			**97,7 Mill. t**

Das Lastenheft "Klimaschutzplan" der Bundesregierung wäre damit für 2030 erfüllt. Die Vorgaben der EU für 2030, 30% Einsparung gegenüber 2021, wären übererfüllt. Abb. 4 zeigt den Vergleich der THG der Verkehrssektoren 1990, 2016 nach [3] mit den erwarteten Emissionen des hier vorgestellten EoA im Jahr 2030.

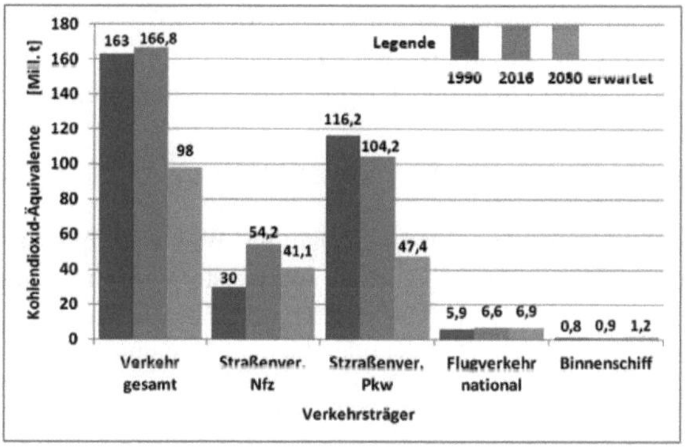

Abb. 4: Treibhausgasemission des Verkehrs 1990, 2016 nach [4] und 2030 im EoA erwartet

Wie viel erneuerbare elektrische Energie muss dafür zusätzlich zum allgemeinen Strombedarf produziert werden? Für deren Abschätzung werden nicht die Herstellerangaben mit Verbrauchswerten aus dem "Neuen europäischen Fahrzyklus" (NEFZ) herangezogen, sondern Testergebnisse mit verschieden BEV im realen Straßenverkehr bei unterschiedlichen Fahrprofilen und Umgebungsbedingungen [10]. Neben Stadtverkehr, Fahrten über Land und Autobahnstrecken mit Geschwindigkeiten bis zu 130 km/h wurden Messungen bei winterlichen Temperaturen mit Innenraumheizung und im Sommer mit Klimaanlage durchgeführt. Dabei ergaben sich Realverbräuche in

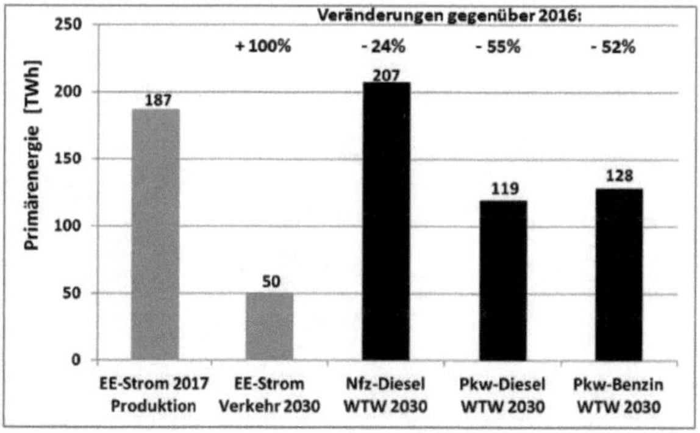

Abb. 5: EE-Stromproduktion 2017, EE-Stromverbrauch des Verkehrs 2030 und verbleibender WTW-Verbrauch an fossiler Energie 2030 mit Angabe der Veränderungen gegenüber 2016

einer Spanne von 15 bis 33 kWh/100km für Kompakt- und 21 bis 46 kWh/100km für Oberklasse-Fahrzeuge [10]. Von diesen Testverbräuchen wurden 10% abgezogen, um der technischen Weiterentwicklung bis 2030 Rechnung zu tragen.

Mit diesem Effizienz optimierten Ansatz werden gegenüber 2016 insgesamt ca. 46 % der fossilen Energie im Straßenverkehr eingespart, Abb. 5. Der Bedarf an erneuerbarer Energie für den Verkehr beträgt 50 TWh EE-Strom. Für Flugverkehr und Binnenschifffahrt wurde in diesem Szenario noch kein Transformationsprozess eingeleitet.

4.2 Wasserstoff integrierender Ansatz (WiA)

Wasserstoff ist Sekundärenergie. Eine nachhaltige Wasserstoffproduktion erfolgt durch Elektrolyse von Wasser mit EE-Strom. Wasserstoff im Brennstoffzellenfahrzeug (Fuel cell electric vehicle, "FCEV") liefert die Energie zur On-board-Stromerzeugung für den Elektroantrieb. Dem Kunden bieten sich damit folgende Vorteile:

- Das Fahrzeug fährt rein elektrisch ohne Schadstoffausstoß
- Der Tankvorgang dauert etwa so lange wie bei konventionellen Motorfahrzeugen
- Die Reichweite kann - je nach Tankgröße - 500 km bis 800 km betragen
- Die Batteriegröße fällt um den Faktor vier bis zehn kleiner aus als bei BEV

Erste Serienfahrzeuge mit Elektroantrieb, H_2-Druckspeicher und Brennstoffzelle sind auf dem Markt. Ein Konsortium aus Fahrzeugherstellern und Energiekonzernen errichtet zur Zeit eine H_2-Tankstellen-Infrastruktur mit finanzieller Unterstützung der Bundesregierung. Zu Anfang des Jahres 2018 waren 41 H_2-Tankstellen erbaut, bis 2019 sollen es bundesweit 100, bis Ende 2023 400 Stück werden. Damit wurde eine Initiative gestartet, die in der Lage ist, das "Henne-Ei-Problem" zu lösen.

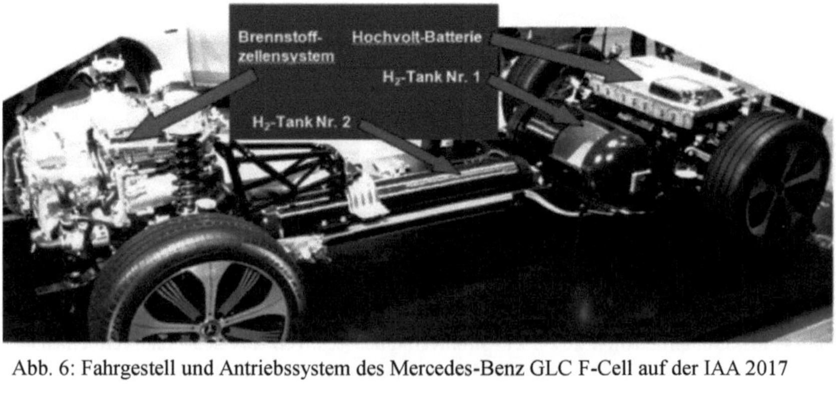

Abb. 6: Fahrgestell und Antriebssystem des Mercedes-Benz GLC F-Cell auf der IAA 2017

Für den Einbau eines Brennstoffzellensystems mit seinem großen Platzbedarf bieten sich aus heutiger Sicht eher größere Fahrzeuge an: obere Mittelklasse, Oberklasse, große SUV. Hinzu kommt, dass Nutzer dieser Fahrzeugklassen es gewohnt sind, längere Fahrstrecken am Stück zurückzulegen. Daher kommen ihnen die Vorteile hoher Reichweite und kurzer Tankzeiten besonders entgegen. Gleichzeitig werden weniger öffentliche Ladestationen benötigt und Lithium- sowie Kobalt-Rohstoffe eingespart.

Auf Seiten der Nutzfahrzeuge bietet sich die Lkw-Klasse 3,5 t bis 12 t für FCEV an. Leichte Nutzfahrzeuge < 3,5 t eignen sich weniger, weil das Ladevolumen und die Nutzlast durch das größere Package-Volumen für die Aggregate und Speicher zu stark eingeschränkt würde. Für schwere Nutzfahrzeuge, insbesondere Sattelzüge, würde die mitzuführende Wasserstoffmenge für die erwartete Reichweite zu groß werden.

Für einen möglichen "Wasserstoff integrierenden Ansatz" werden folgende Annahmen getroffen:

- Im Unterschied zum EoA fahren nur 1 Mill. leichte Nutzfahrzeuge $\leq 3{,}5$ t als BEV
- 40% der Nfz'e der Klasse 3,5 t < $m_{ZG} \leq 12$ t fahren elektrisch mit einer Brennstoffzelle als Energiewandler. Für Fahrzeuge im Lieferverkehr bis 6 t zulässigem Gesamtgewicht reichen für eine übliche Tagesfahrleistung zwei bis drei Tanks mit je 4 kg H_2-Inhalt aus. Das Innenraumvolumen beträgt je 4 kg-Tank bei einem Fülldruck von 350 bar 160 Liter, bei einem Fülldruck von 700 bar nur 100 Liter.
- 70% aller Busse fahren elektrisch mit Brennstoffzelle. Sie haben im Einsatz als Stadtbusse höheren Verbrauch und benötigen für eine Tages-Fahrleistung etwa acht bis neun Tanks mit je 4 Kg H_2; sie haben auf dem Dach genug Speicherplatz.
- Im Pkw-Sektor werden auf Grund des großen Gesamtplatzbedarfs der Speicher und Aggregate nur Oberklassemodelle und große SUV als FCEV vorgesehen. Mit dem aktuellen Modal-Split-Zahlenwert aus [7] würden im Jahr 2030 ca. 6,5 Mio. dieser Fahrzeuge im Bestand sein. Hier wird angenommen, dass 2,5 Mill. als Brennstoffzellen-Fahrzeuge fahren.

Größter Nachteil des WiA ist der schlechte WTT-Wirkungsgrad von nur $\eta_{WTT} \approx 0{,}56$.

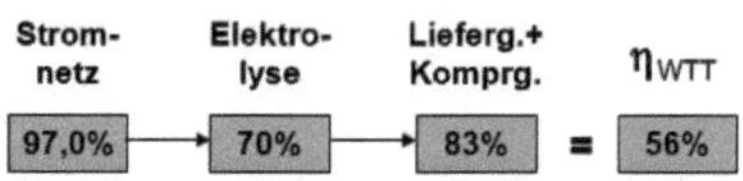

Abb. 7: Well-to-Tank-Wirkungsgrad (WTT) der Wassersstoffproduktion aus EE in 2030

Mit diesem Wasserstoff integrierenden Ansatz kann für das Klimaschutzziel 2030 die Zahl der BEV von 9,5 Mill. Fahrzeugen auf z.B. 6,5 Mill. reduziert werden bei gleichzeitiger Abnahme der Plug-In-Hybrid-Pkw von 8 auf 7 Mill. Fahrzeuge. Mit Elektroantrieb und Brennstoffzelle (FCEV) fahren in diesem Szenario eine große Zahl mittelschwerer Nutzfahrzeuge (14% der Gesamtfahrleistung aller Nfz mit $m_{zG} > 3{,}5$ t) und 2,5 Mill. Oberklasse-Pkw. Ein passendes Antriebsportfolio für die Zielvorgabe der Bundesregierung zeigt Tabelle 2.

Tab. 2: Antriebsmix und verbleibende Treibhausgase 2030 im WiA-Szenario (Beisp.)

Fahrzeuge (Stück):	Antrieb elektrifiziert:	Antr konventionell	emittierte THG:
Nutzfahrz. m≤ 3,5t	1,0 Mill. BEV	1,26 Mill. Dieselfzg	12,2 Mill. t
Nutzfahrz. m> 3,5t	14% aller km: FCEV	86% der km: Diesel	29,2 Mill. t
Pkw	5,5 Mill. BEV 7 Mill. Plug-In-H. 2,5 Mill. FCEV	7,5 Mill. Dieselfzg 16,3 Mill. Benzinfz.	20,5 Mill. t 27,5 Mill. t
Flugverkehr nation.		Kerosinkrst.	6,9 Mill. t
Binnenschiff, Bahn		Dieselkrst.	2,2 Mill. t
Summe THG			98,5 Mill. t

Die Zahl der Fahrzeuge, die auf Ladesäulen angewiesen sind, wurde damit von 20,5 Mill. im EoA auf 13,5 Mill. Fahrzeuge im WiA reduziert. Selbstverständlich sind andere quantitative Aufteilungen der alternativen Antriebe ebenso möglich, Kriterium muss letztlich die Erfüllung der THG-Minderung auf ca. 98 Mill. t sein.

Die Integration von Wasserstoff in den Antriebsmix steigert den Bedarf an EE-Strom erheblich. In diesem Beispiel sind es für die elektrifizierten Antriebe ca. 119 TWh/a.

5 Zweiter Meilenstein: 2050

Der "Klimaschutzplan 2050" der Bundesregierung und Richtlinien der Europäischen Union sehen vor, dass 2050 durch die ganze Volkswirtschaft nicht mehr als 80% bis 95% der THG'e von 1990 ausgestoßen werden sollten. Dem Verkehrssektor wird dabei vorgegeben, vollkommen treibhausgasfrei zu sein [1, 3]. Unter diesen Extrembedingungen darf der abgehende internationale Flugverkehr nicht mehr außen vorbleiben, wie noch beim Meilenstein 2030 vorausgesetzt wurde.

5.1 Nationaler und internationaler Flugverkehr

Der Versorgung des Flugverkehrs mit Kraftstoff kommt jetzt eine besondere Bedeutung zu. Aus Gewichts- und Packagegründen kann der Antrieb von Verkehrsmaschinen nicht elektrisch erfolgen. Die Flugantriebe sind weiterhin auf flüssige, hoch energetische Kraftstoffe angewiesen. Daher kommt nur ein Transformationsprozess von fossilem Kerosin hin zu einem ähnlich zusammengesetzten, synthetischen Kraftstoff aus erneuerbarer Energie in Frage, PtL oder E-Fuel genannt [8]. Die Umwandlung von überschüssigem Strom aus EE in chemisch gebundene Energie ist ein großes Speicherpotenzial der Energiewende, der Überschuss allein reicht aber nicht aus.

5.2 Synthetische Kraftstoffe für Flugzeuge und Lkw

Beim Herstellungsprozess von "Power-to-Liquid"-Kraftstoff (PtL) wird Wasserstoff durch Elektrolyse mit EE-Strom gewonnen und anschließend mit gereinigtem CO_2 zu Methanol (CH_3OH) synthetisiert (s.g. "Methanol-Route"). Das benötigte CO_2 kann aus Biogasanlagen, Kraftwerksrauchgas, Zementfabriken oder aufwändig aus der Luft extrahiert werden. Im weiteren Verlauf wird das Methanol im s.g. Mtsynfuel-Prozess in einen Produktmix aus synthetischem Kerosin, Diesel und Benzin überführt, Abb.8. Dieser kann zu maximal 81% für Kerosin und Dieselkraftstoff eingestellt werden. Ein Vorteil ist, dass das Mengenverhältnis von Kerosin und Diesel in bestimmten Grenzen variiert werden kann [9, 11]. Es bietet sich daher an, mit dem synthetischen Diesel-Output des PtL-Prozesses auch den Lkw-Verkehr > 3,5 t zu versorgen.

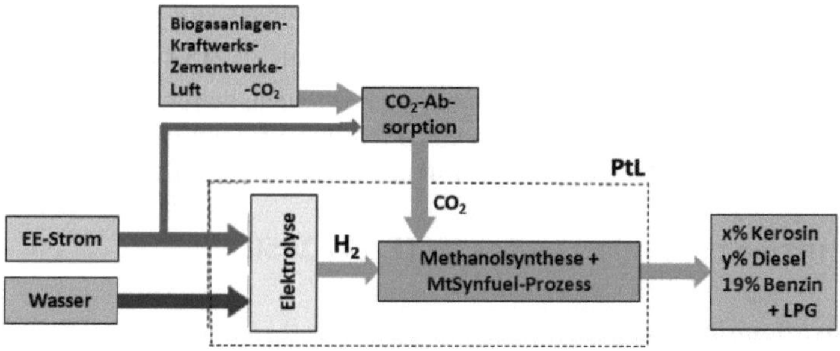

Abb. 8: Blockschaltbild für Umwandlung von EE über die Methanol-Route in Kerosin + Diesel

Der bestmögliche Wirkungsgrad des Gesamtprozesses von der Strombereitstellung - z.B. Windenergieanlage - bis zum flüssigen Energieträger ist mit der Hochtemperatur-Elektrolyse zu erzielen, die überhitzten Wasserdampf in seine Bestandteile zerlegt. Neben sehr viel weniger Strom benötigt sie große Wärmemengen zur Dampferzeugung. Da die Methanolsynthese exotherm verläuft, steht genügend freie Wärme bereit, um das Einsatz-Wasser zu erhitzen. Der Prozesswirkungsgrad von Großanlagen beträgt ca. 45 %, während er mit Niedertemperaturelektrolyse nur bei 38% liegt [11].

Wie viel Liter Kerosin werden 2050 im Flugverkehr benötigt? Das Umwelt-Bundesamt hat Prognosen zum Anstieg der Verkehrsleistungen im internationalen Flugverkehr von 45 % bis 2050 veröffentlicht [3]. Nimmt man an, dass durch größere Maschinen und bessere Auslastung ca. 20 % Energie und durch technische Verbesserungen weitere 15 % Energie in 2050 gespart werden können, hat die erwartete Verkehrsleistung einen Bedarf von ca. 14,6 Mrd. Litern Kerosin.

Die optimale Aufteilung des PtL-Kraftstoffs sollte nun zu je 40,5 Prozentpunkten in Kerosin und Dieselkraftstoff erfolgen. Dann kann neben dem Flugkerosin auch der vollständige Dieselbedarf des Lkw-Verkehrs > 3,5 t gedeckt werden. Der Aufwand ist jedoch mit einem Primärenergieeinsatz von mindestens 762 TWh extrem hoch. Zur Erzeugung der Energie müssten 10.000 5MW-Offshore-Windenergieanlagen (WEA) und 80.000 4MW-Onshore-WEA kontinuierlich Strom liefern. Durch das fluktuierende Stromangebot von erneuerbarer Energie ist der Bedarf jedoch noch weitaus höher.

Der Ansatz kann aber verbessert werden, wenn die Volkswirtschaft bereit ist, biogene Kraftstoffe zur Energiewende hinzuzuziehen. Bei der Verwertung von ca. 80 % des gesamten in Deutschland anfallenden Holzabfalls (Wald, Industrie, Holzreste) könnte mit Hilfe des Biomass-to-Liquid Prozesses (BtL) bis zu 5,9 Mrd Liter Dieselsubstitut erzeugt werden. Werden zusätzlich 1 Mill. ha Brachland mit schnell wachsender Flora, wie z.B. Weiden, Pappeln Schilf, Miscantus, angebaut, ergäben sich jährlich weitere ca. 2,4 Mrd. Liter Dieselsubstitut. Diese Mengen ergeben ca. 82 TWh Energie und würden für die Kraftstoff-Substitution eine gewisse planbare Grundlast darstellen.

Gelingt es nun, den PtL-Kraftstoff in einen Modal Split von 57,5 Prozentpunkten Kerosin und 23,5 Prozentpunkten Dieselsubstitut aufzuteilen, betrüge der Primärenergiebedarf jetzt 539 TWh EE-Strom. Zusammen mit den 82 TWh BtL-Kraftstoff könnte auch der Nfz-Dieselbedarf von 14 Mrd. Litern Synthesekraftstoff gedeckt werden.

5.3 Effizienz optimierter Ansatz (EoA) 2050

5.3.1 Straßengüterverkehr

Die Entwicklung der Güterverkehrsleistungen von 2030 bis 2050 zeigt zwar einen weiteren Anstieg um 14 % [3]. Die Verkehrsleistung des Straßengüterverkehrs bleibt den Prognosen zu Folge aber nahezu konstant, weil die zusätzliche Tonnage auf Bahn und Binnenschiffe verlagert werden kann.

Alle 2,6 Mio. leichte Nutzfahrzeuge ≤ 3,5 t werden im Effizienz optimierten Ansatz zu BEV und benötigen jährlich ca. 14,8 TWh Strom ab Erzeuger. Eingerechnet wurde eine 10%-ige Verbesserung der Fahrzeug- und Antriebstechnik sowie Ladeeffizienz.

Lkw und schwere Nutzfahrzeuge benötigen 2050 ca. 14 Mrd. Liter Dieselkraftstoff.

Dieser ist durch den BtL-Kraftstoff und durch 23,5% PtL-Anteil - wie oben beschrieben - vorhanden. Daraus ergibt sich der Vorteil, dass keine Oberleitungs-Hybrid-Lkw eingeführt und auf Fernverkehrsstraßen keine Oberleitungs-Infrastrukturen gebaut werden müssen. Viele tausend Kilometer Oberleitung an Autobahnen aufzustellen wäre mit großen Komplikationen verbunden. Die meisten Brücken sind in ihrer Höhe dafür nicht ausgelegt. In Abständen von wenigen Kilometern wären Stromeinspeisepunkte aus dem Mittelspannungsnetz vorzusehen. Die sich daraus ergebenden Probleme und hohen Investitionen werden also in diesem Szenario vollständig vermieden.

5.3.2 Motorisierter Individualverkehr (Pkw)

Die Entwicklung wird zu einer weiteren Reduzierung des Pkw-Bestands führen. Für das Jahr 2050 wird mit 36 Mill. Pkw gerechnet. Die Verkehrsleistung des motorisierten Individualverkehrs wird sich bis 2050 auf Grund verbesserten ÖPNV-Angebots und höherer Pkw-Betriebskosten reduzieren, hier angenommen um 15 %.

Im EoA werden bis 2050 alle Pkw zu reinen Elektrofahrzeugen. Gegenüber 2030 wird der Verbrauch durch technische Verbesserungen um 10% sinken. Nach einer sinnvollen Einteilung in Klein- und Kompaktwagen, Mittelklasse, Oberklasse und SUV mit unterschiedlichen Verbräuchen und Jahreskilometerfahrleistungen errechnet sich ein jährlicher Stromverbrauch ab EE-Anlage von ca. 93 TWh.

5.3.3 Der Antriebsmix 2050 beim Effizienz optimierten Ansatz

Tab. 3: Antriebsmix und Energieverbrauch 2050 im EoA-Szenario

	Fahrzeuge, Stück:	Endenergieverbrauch	Primärenergieverbr.
Leichte Nutzfahrz.	2,26 Mill. BEV	13,8 TWh EE-Stro.	15 TWh EE
Lkw+schwere Nfz	0,65 Mill. ICE	14 Mrd. l Diesel	PtL +8,3 Mrd l BtL
Pkw	36,0 Mill. BEV	86 TWh EE-Strom	93 TWh EE
Flugverk.nat.+ int.	konv. Strahltrieb.	140 TWh synth. PtL	539 TWh EE
Schiffsverkehr		ca. 13 TWh PtL	29 TWh EE
Bahn	FCEV 103 Ts t H_2	6 TWh EE-Strom	6 TWh EE
Summe EE-Strom			**682 TWh EE**

Das Lastenheft des "Klimaschutzplans 2050" der Bundesregierung wäre damit erfüllt. Die Energiemenge 682 TWh wird nicht allein aus Wind- und Solarenergie bereit gestellt werden können, weil diese zu stark fluktuieren. Zusätzlich muss eine konstante Grundlast im Netz verfügbar sein, z.B. aus Solarthermie. Der Bedarf an EE-Anlagen ist damit überaus hoch und könnte in Deutschland allein nicht bereit gestellt werden.

5.3.4 Bewertung des Effizienz optimierten Ansatzes

Die Größenordnung von 93 TWh zusätzlicher EE-Stromproduktion für alle Pkw-Antriebe in Deutschland entspricht, auf gleiche Pkw-Anzahl bezogen, nur 56 % der heute verbrauchten Primärenergie aller Fahrzeuge mit Benzinmotoren. Das zeigt, wie stark der sehr gute Elektromaschinenwirkungsgrad den Primärenergieverbrauch im Individualverkehr senken kann, wenn rein regenerative Energie den Strom erzeugt.

Problematisch bleiben aus heutiger Sicht die Reichweite von BEV, Ladezeiten, Verfügbarkeit von Ladepunkten und die Netzbelastung bei gleichzeitigen Ladevorgängen.

- **Die erzielbare Reichweite** von BEV wird durch die erwarteten Fortschritte in der Batterietechnik zunehmen. Aktuell ist dies schon bei einigen marktgängigen Modellen zu beobachten. Hier wurde vor allem die Energiedichte der Zellen in Wh/kg bzw. Wh/ltr gesteigert. Die Mengen an verbautem Lithium und Kobalt nehmen jedoch entsprechend der Kapazitätserhöhung zu, was die Gefahr von Engpässen bei der Verfügbarkeit dieser seltenen Metalle erhöht. Die Reichweiten mit diesen Batteriepacks zweiter Generation liegen weiterhin unter 300 km im Realverkehr.
- **Die Ladezeiten** stellen bei BEV ein Komfortmerkmal dar und sind daher kundenrelevant oder sogar bedeutsam für den Kaufentscheid. Mit zunehmenden Batteriekapazitäten verlängern sich auch die Ladezeiten. Diesen Nachteil wird man versuchen, durch immer höhere Ladeleistungen auszugleichen. Schnellladestationen mit 120 kW sind heute schon Stand der Technik (Fa. Tesla). Ladeleistungen bis zu 350 kW als Prototypen in Berlin bereits realisiert (Fa. Porsche). Bei derart hohen Übertragungsleistungen sind im Fahrzeug eine auf 800 Volt ertüchtigte Spannungsebene und ein Flüssigkeits-Kühlsystem für Batterie, Kabel, Stecker und stationsseitige Ladeelektronik erforderlich. Dadurch entstehen nicht unerhebliche Einbußen bei der Ladeeffizienz, der WTT-Wirkungsgrad sinkt im Vergleich zu konventionellen Ladeleistungen. Die Kühlaggregate zum Rückkühlen der Zirkulationsflüssigkeit befinden sich außerhalb der Ladesäulen. Derartige Ladestationen sind im High-Tech-Bereich angesiedelt mit entsprechend hohen Investitionskosten. Sie rechnen sich daher nur für Fernstraßen-Knotenpunkte und Autobahntankstellen. Sie werden am ehesten dem Wunsch nach "Laden wie Tanken" gerecht.
- **Belastung des Stromnetzes**. Sind alle Pkw in Deutschland reine BEV muss die Ladeleistung durch ein intelligentes Lastmanagement geregelt werden, weil anderenfalls örtliche oder sogar landesweite Netzstörungen auftreten könnten. Sollten beispielsweise über Nacht alle BEV nur mit der niedrigsten Ladeleistung von 3,5 kW ans Netz gehen, müsste das Gesamtnetz eine zusätzliche Spitzenlast von ca. 140 GW nur für Fahrzeuge abgeben, was 175% der heute üblichen Spitzen darstellt. Eine Lastabgaberegelung muss die Folge sein, was aber bewirken kann, dass Stromkunden am nächsten Morgen nicht die erwartete Batterieladung vorfinden.
- **Verfügbarkeit von Ladepunkten**. Das nächtliche Heimladen ist der selbstverständliche Aufladeprozess von Elektrofahrzeugen, für Eigenheimbesitzer kein Problem. Wohnungsinhaber in Mehrfamilienhäusern besitzen meist einen Stellplatz am Haus. Hier muss eine Stand-Ladesäule installiert werden, was zu Mehrkosten führt. Problematisch wird es bei alten Mehrfamilien- und Hochhaus-Wohnblocks, bei denen keine oder nicht genügend Stellplätze ausgewiesen sind. Oftmals fehlt auch genügend Parkraum, wie z.B. in älteren Wohnsiedlungen von Großstädten. Es besteht dann keine Chance, für jede Wohneinheit eine Lademöglichkeit vorzuhalten. In diesen Wohnsituationen befinden sich oft einkommensschwache Haushalte,

die bei der kompletten Umstellung auf BEV keine Möglichkeit mehr hätten, einen eigenen Pkw zu fahren.

- **Versorgung des deutschen Straßennetzes mit Ladesäulen.** Für das Szenario Effizienz optimierter Ansatz müssen Ladesäulen in sehr hoher Zahl investiert werden. Die Ladeinfrastruktur muss mit der Zahl der BEV im Straßenverkehr wachsen. Beispielsweise könnten in der Ferienzeit mehrere Millionen BEV gleichzeitig unterwegs sein, die aber ganz unterschiedliche Reiserouten haben und nach 300 bis 400 km wieder ans Netz müssen. An Raststätten sollten daher Ladesäulen in großer Anzahl vorgehalten werden. Der Investitionsaufwand wird daher bis 2050 erhebliche Ausmaße annehmen.

Diese mehrschichtige Problematik zeigt, dass der EoA, der für Pkw auf einem Transformationsprozess ausschließlich in BEV basiert, einige Hemmnisse aufweist, die zu überwinden nicht unbedingt im Kundeninteresse sein kann.

5.4 Wasserstoff integrierender Ansatz (WiA) 2050

Für den Antriebsmix im Jahr 2050 können nun beliebig viele reine BEV in Brennstoffzellenfahrzeuge FCEV getauscht werden. Beide Antriebsarten emittieren keine Treibhausgase, wenn der elektrische Strom für das Direktladen bzw. für die Elektrolyse zu Wasserstoff zu 100% aus klimaneutraler Energie gewonnen wird. Jedes FCEV-Fahrzeug erhöht aber im Vergleich zum Energie optimierten Ansatz den Primärenergiebedarf, da ja bekanntlich die zusätzlichen Energiewandlungen den Gesamtwirkungsgrad verkleinern. Eine WTW-Analyse mit Realverbräuchen aus Testberichten [10] zeigt, dass Fahrzeuge mit Wasserstoff und Brennstoffzelle etwa 2,5 mal so viel Primärenergie benötigen wie reine BEV.

Der Investitionsbedarf für eine Wasserstoff-Infrastruktur ist überaus hoch: Zu den H_2-Tanksystemen kommt eine bestimmte Zahl von Elektrolyseanlagen hinzu, die aber auch als EE-Stromspeicher benötigt werden. Eine H_2-Tankstelle versorgt zudem eine Vielzahl von FCEV, während jedes BEV eine eigene Ladesäule benötigt. Durch die Einführung von H_2-Pkw sinkt die Zahl der Fahrzeuge, die eine Ladesäule benötigen.

5.5 Kunden orientierter Ansatz (KoA) 2050

Das Ziel, durchgängige Elektrifizierung, erscheint recht ambitioniert. Es werden große Investitionen in eine elektrische Mobilitätsinfrastruktur erforderlich und das Einverständnis und das Mitgehen der Kunden, die letztlich die Verkehrsenergiewende bezahlen müssen, wird stillschweigend vorausgesetzt.

Es sollte daher überlegt werden, ob auch eine Alternative zu den bisher vorgestellten Ansätzen zielführend für die Erreichung der Verkehrsenergiewende sein könnte. Daher wird nun der Versuch unternommen, dem einen neuen, Kunden orientierten Ansatz gegenüber zu stellen.

Motivation dieses Szenarios ist eine größere Diversifikation, so dass der Kunde die Wahl zwischen verschiedenen Antriebssystemen hat und das beste System für seinen persönlichen bzw. firmenspezifischen Nutzen angeboten bekommt. Für eine Kundengruppe ist die Anschaffung eines BEV mit dazu gehörender Installation einer Ladestation, separatem Stromkreis und bidirektionalem Transformator nicht bezahlbar. Für sie sollten Fahrzeuge verfügbar sein, die in den Anschaffungskosten niedrig sind, auch wenn die Kraftstoffkosten merklich höher sein sollten. Diese können ja über die Nutzungshäufigkeit und Jahresfahrleistung beeinflusst werden. Als eine gute Möglichkeit kommt ein Verbrennungsmotor für Methangas in Frage. Für die anderen Kunden ist auf Grund hoher Kilometerleistungen ein niedriger Energiepreis wichtiger und darf die Fahrzeuginvestition höher sein. Sie hätten die Wahl zwischen einem BEV mit großer Batteriekapazität und einem FCEV.

Methangas-Antriebe haben folgende Vor- und Nachteile:

- Methan verbrennt im Ottomotor sehr sauber und emittiert auf Grund seines hohen Wasserstoffgehalts ca. 25% weniger CO_2 als Benzin.
- Die Tankflaschen enthalten mehr Energie je Liter als Wasserstofftanks. Bei gleichem Raumvolumen für die Tanks wird also mehr Reichweite als mit H_2 erzielt.
- Methangas kann als PtG klimaneutral hergestellt werden. Von Vorteil ist, dass die EE-Methanproduktion früh starten, allmählich hochgefahren und zunehmend in das Erdgasnetz eingespeist werden kann, um die CO_2-Belastung sukzessive zu senken.
- Die Infrastruktur für die Gasversorgung ist vorhanden. Es müssen nur etwa 7 bis 8 tausend Gastankstellen zusätzlich zu den 900 schon vorhandenen aufgestellt werden. Die Investitionskosten sind um den Faktor 7 niedriger als für H_2-Tankstellen.
- Ein großer Problempunkt ist die starke Fluktuation bei der EE-Stromproduktion. Wie weiter oben beschrieben, kann der überschüssig erzeugte EE-Strom über die Elektrolyse als Wasserstoff gespeichert werden. Je mehr Anteile der Stromproduktion aus nachhaltigen Quellen stammen, desto mehr Speicherung ist notwendig. Um eine gute Versorgungssicherheit zu gewährleisten, sind weitaus mehr EE-Anlagen vorzusehen, als für den Nachfragedurchschnitt notwendig wären. Aus diesem Speicher kann sich nun in Überschusszeiten auch die Methanproduktion bedienen. Der Wasserstoff wird in einer nachgeschalteten Methanisierungsanlage mit aus der Luft extrahiertem CO_2 zu synthetischem Methangas verbunden.
- Bei entsprechender Auslegung der Gasinfrastruktur könnten im Antriebsmix auch Nfz-Flotten mit Flüssiggasantrieben vorgesehen werden, um weniger synthetischen Dieselkraftstoff und dafür mehr Kerosin herstellen zu können.

- Nachteilig sind der niedrige WTT-Wirkungsgrad von nur 50% und die Verluste im Verbrennungsmotor. Vergleiche von WTW-Verbräuchen bei Tests im realen Strassenverkehr [10] zeigen, dass gegenüber reinen BEV-Pkw die 4 bis 5-fache Primärenergie benötigt wird.
- Nachteilig ist weiterhin die doppelte Gasinfrastruktur für H_2 und Methan. Dem Tankstellenbetreiber kommt dies jedoch entgegen.

Tabelle 4 zeigt ein Beispiel für ein mögliches Antriebsportfolio mit dem zusätzlichen Angebot von Methangas-Ottomotoren ("M-ICE") und Plug-In-Hybrid-Methangas-Antrieben ("M-PIH") für das Jahr 2050.

Tab. 4: Antriebsmix und Energieverbrauch 2050 im KoA-Szenario

	Fahrzeuge, Stück:	Endenergieverbrauch	Primärenergieverbr.
Leichte Nutzfahrz	2,26 Mill. BEV	13,8 TWh EE	15 TWh EE
Lkw+schwere Nfz	0,65 Mill. ICE	14 Mrd. l Diesel	PtL +8,3 Mrd l BtL
Pkw	20,0 Mill. BEV 7,0 Mill. M-ICE 6,5 Mill. M-PIH 2,5 Mill. FCEV	48 TWh EE-Strom 49 TWh Methan 11 TWh Methan + 10 TWH EE-Strom 46 TWh EE-Strom	51 TWh EE 98 TWh EE 21,5 TWh EE 10,5 TWh EE 46 TWh EE
Flugverk.nat.+ int.	konv. Strahltrieb.	140 TWh synth. PtL	539 TWh EE
Schiffsverkehr		ca. 13 TWh PtL	29 TWh EE
Bahn	FCEV 103 Ts t H_2	6 TWh EE-Strom	6 TWh EE
Summe EE-Strom			816 TWh EE

Der Antriebsmix kann jetzt abhängig von den Kundenwünschen sehr unterschiedlich ausfallen. Je mehr sich für das konservative Antriebssystem mit Gasmotoren entscheiden, desto weniger dicht muss die teure Ladeinfrastruktur aufgebaut werden und um so geringer sind die Zusatzbelastungen des Stromnetzes.

6 Zusammenfassende Bewertung

Abbildung 9 zeigt die Primärenergieverbräuche der drei Szenarien in den Jahren 2030 und 2050 und stellt sie der Produktion erneuerbarer Energie in 2017 und dem maximalen EE-Potenzial gegenüber. Der wesentlich höhere Bedarf in 2050 ergibt sich aus der klimaneutralen PtL-Kraftstoffproduktion für Flugzeuge und LKW. Es zeigt sich, dass der EE-Strombedarf des Verkehrs im Inland allein nicht gedeckt werden kann.

Das Klimaschutz-Lastenheft der Bundesregierung kann mit allen Ansätzen erfüllt werden. Die von der Regierung prognostizierten nötigen 6 Mill. BEV für 2030

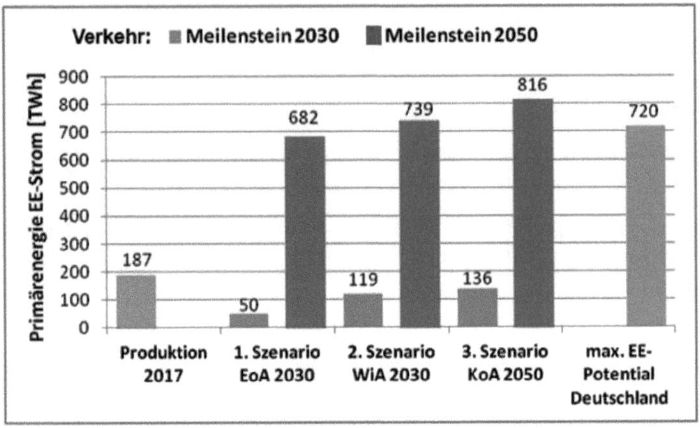

Abb. 9: Primärenergiebedarf der drei Szenarien EoA, WiA, KoA in den Meilenstein-Jahren 2030 und 2050 sowie max. EE-Potenzial

reichen jedoch selbst mit dem Effizienz optimierten Ansatz nicht aus, um die THG´e bei 98Mill. t zu deckeln.

Der energetisch günstigste Ansatz, den Pkw-Verkehr ausschließlich mit BEV zu betreiben, hat Nachteile bezüglich der Ladeinfrastruktur, Stromnetzbelastung und Versorgung der Batterien mit seltenen Rohstoffen. Die Problematik geringerer Reichweiten im Vergleich zu anderen Antriebskonzepten wird abgeschwächt bestehen bleiben.

Ein beschränktes Angebot an Brennstoffzellen-Fahrzeugen kann sinnvoll sein (WiA). Diese zeichnen sich durch kurze Tankzeiten, hohe Reichweiten aus und fahren Treibhausgas neutral. Brennstoffzellen eignen sich für große Pkw und kleine Lkw. Sie erhöhen aber den Primärenergiebedarf und brauchen eine zusätzliche H_2-Infrastruktur.

Die verbesserte Antriebsdiversifikation beim Kunden orientierten Ansatz wird mit dem höchsten Bedarf an EE-Strom erkauft. Das hat damit auch den teuersten km-Preis zur Folge. Der Vorteil liegt hier im niedrigen Fahrzeugpreis, in der Einfachheit der Kraftstoffbeschaffung und dem bestehenden Erdgasnetz. Als zusätzliche Option kann der Methangas-Antrieb hybridisiert werden. Auch Nfz-Flotten könnten damit ausgerüstet werden. Für eine flächendeckende Methangasbereitstellung muss jedoch das bestehende Tankstellennetz ausgebaut werden.

Für den Karosseriekonstrukteur und Gesamtfahrzeugentwickler dürfte es von nicht unerheblicher Bedeutung sein, welchem dieser Szenarien der zukünftige Antriebsmix am nächsten kommen wird.

Literaturverzeichnis

[1] Klimaschutzplan 2050. Klimapolitische Grundsätze und Ziele der Bundesregierung. www.bmub.bund.de/fileadmin/Daten_BMU/Download_PDF/Klimaschutz/Klimaschutzplan_2050_bf.pdf. November 2016

[2] EU-Verordnung (Neufassung) CO2-Grenzwerte für Pkw und leichte Nutzfahrzeuge. Vorschlag COM(2017) 676 vom 8. November 2017

[3] Bergk, F.; Biemann, K.: Klimaschutzbeitrag des Verkehrs bis 2050. TEXTE 56/2016 Umweltforschungsplan des BMUNB. Herausgeber: Umwelt-Bundesamt: Juni 2017. www.umweltbundesamt.de/publikationen

[4] Radke,S.: Verkehr in Zahlen 2017/2018, 46. Jahrgang. Herausgeber: Bundesministerium für Verkehr und digitale Infrastruktur. DVV Media Group GmbH, Hamburg: 2017

[5] Bergk, F.; Knörr, W.; Lambrecht, U.: Klimaschutz im Verkehr: Neuer Handlungsbedarf nach dem Pariser Klimaschutzabkommen. TEXTE 45/2017 Umweltforschungsplan des Bundesministeriums für Umwelt, Naturschutz, Bau und Reaktorsicherheit. ifeu – Institut für Energie- und Umweltforschung Heidelberg GmbH: 2017

[6] Verkehr in Kilometern der deutschen Kfz im Jahr 2016. Kraftfahrt-Bundesamt. Kraftverkehrsstatistik. 2016_vk_kurzbericht. www.kba.de

[7] Jahresbilanz des Fahrzeugbestandes am 1. Januar 2017. Kraftfahrtbundesamt: www.kba.de/DE/Statistik/Fahrzeuge/Bestand/b_jahresbilanz.html [Zugriff am 07.03.18]

[8] Power-to-Liquids. Potentials and perspectives of future supply of renewable aviation fuel. Umwelt-Bundesamt: 2016 www.umweltbundesamt.de/publikationen

[9] Albrecht, U.; Schmidt, P.: Zukünftige Kraftstoffe für Verbrennungsmotoren und Gasturbinen. Abschlussbericht 2013. Ludwig-Bölkow-Systemtechnik. www.lbst.de

[10] Testberichte auto motor und sport. Motor Presse Stuttgart : diverse Jahrgänge

[11] Schmidt, P.; Zittel, W.; Weindorf, W.; Tetyana, R.: Renewables in Transport 2050. Empowering a sustainable mobility future with zero emission fuels from renewable electricity. Ludwig-Bölkow-Systemtechnik: Januar 2016. www.lbst.de

[12] Klimagasemissionen im Jahr 2016. Umweltbundesamt. Pressemitteilung: 23.01.18

Abkürzungsverzeichnis

EE Erneuerbare Energie

BEV Battery electric vehicle

FCEV Fuel cell electric vehicle

PtG EE-Power-to-gas

PtL EE-Power-to-Liquid

WTT Well-to-tank

WTP Well-to-plug

THG Treibhausgase

ICE Internal combustion engine

M-ICE Methan-ICE

M-PIH Methan-Plug-In-Hybrid

m_{ZG} Zulässiges Gesamtgewicht

Plug-In-Hybrid Elektrofahrzeug mit Stecker

WTW Well-to-wheel

ADDITIVE FERTIGUNG

Industrialisierung der Additiven Fertigung – NextGen Spaceframe 2.0: Bionik, Additive Manufacturing und Aluminium für den flexiblen High-End-Leichtbau

Dr. Martin Hillebrecht, EDAG Engineering GmbH
Manuel Gaytan, Siemens Industry Software GmbH

1 Next Generation Space Frame 2.0

Automobilhersteller haben eine große Anzahl von Antriebsvarianten und Energiespeichern in ihre Karosserien zu integrieren. Dies ist eine Herausforderung für die Automobilbranche. Spaceframes werden für geringe Stückzahlen und in der Regel für High-Performance Fahrzeuge in kleineren Produktionsstückzahlen entwickelt. Sie bestehen heute aus Aluminium-Strangpressprofilen in Kombination mit Aluminium-Gussknoten. Ihre Struktur muss die Anforderungen hinsichtlich Biege- und Torsionssteifigkeit sowie Eigenfrequenzen erfüllen, aber auch gegenüber Festigkeitslastfällen und für eine lange Lebensdauer ausgelegt sein.

Im Hinblick auf Elektrofahrzeuge ist es wichtig, die Anlaufkosten, wie Werkzeugkosten und Betriebskosten zu reduzieren. Und genau deshalb kommt nun die Additive Fertigung im Bereich der Fahrzeugtechnik ins Spiel. Dies geht weit über Rapid Prototyping, Rapid Tooling und die Herstellung von Ersatzteilen hinaus. Im Projekt sollte nicht nur die Additive Fertigung eingebracht werden, sondern es war auch Ziel, die bisher unzureichende Integration und Durchgängigkeit der Additiven Fertigung im Bereich der digitalen, Produkt- und Produktions-Entwicklungswerkzeuge im Automobilbau sowie die Vernetzung der Disziplinen zu verbessern.

Diese Verbesserungen sind nötig, um der zunehmenden Diversifizierung von Fahrzeugen (z.B. durch Antriebskonzepte, Laststufen und Karosserievarianten) und der daraus folgenden Variantenvielzahl in immer kleineren Stückzahlen gerecht zu werden. Das Projekt schloss sich direkt an ein Vorgängerprojekt aus 2015 an

Durch die hohe Varianz in den Antriebsarten und Laststufen werden auch höhere Anforderungen an Karosseriestrukturen und die Engineering-Datenprozesskette gestellt. Im Entwicklungsprozess von additiv gefertigten Komponenten kommen verschiedenste Softwaretools zum Einsatz und durch Konvertierungen entstehen hohe Aufwände sowie Informationsverluste.

Basisfahrzeug für das Konzept war der EDAG Light Cocoon. Eine Konzeptstudie aus dem Jahr 2015 für einen kompakten und dynamischen Sportwagen als batterieelektrisches Fahrzeug (BEV) und ausgestattet mit einem Hydrid-Synchronmotor. Das Highlight des Fahrzeugs ist die stoffbespannte Außenhaut, unter welcher die bionische Struktur des Sportwagens durch LED illuminiert wird.

Abbildung 1: Showcar EDAG Light Cocoon (2015) mit den Merkmalen Additive Manufacturing, Lichtdesign und bionischen Strukturen für den Ultraleichtbau nach dem Vorbild der Natur.

Auf der IAA in Frankfurt präsentierte EDAG gemeinsam mit Constellium (Singen), Siemens PLM Software (Köln), dem Laser Zentrum Nord (Hamburg) und Concept Laser (Lichtenfels), der BLM Group (Levico, Italien) sowie den assoziierten Partnern KW Automotive (Fichtenberg) und 3M (Neuss) eine weiterentwickelte ultraflexibel, werkzeugarm und on demand gefertigte Aluminium-Leichtbaustruktur.

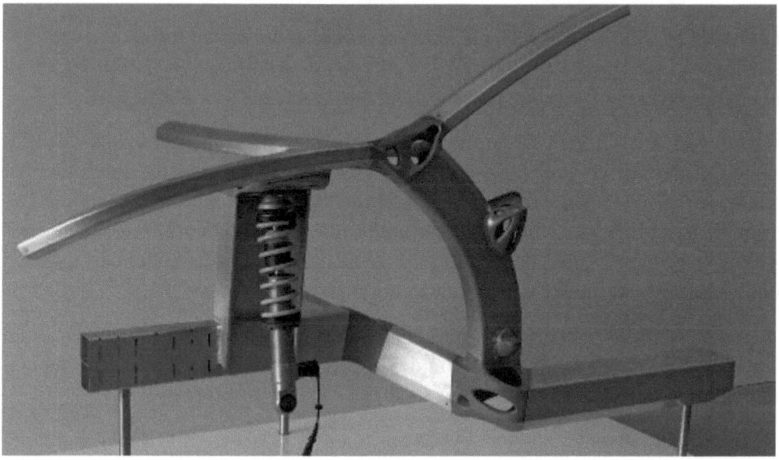

Abbildung 2: Demonstrator des EDAG Next Generation Space Frame 2.0 beinhaltet viele der konzeptrelevanten Bauteile einer Karosserie wie Fahrwerkanbindung, Längsträger vorn, A-Säule mit Türanbindung, Schweller, Dachrahmen und ist daher charakteristisch für nahezu alle Fahrzeuganwendungen

Erstmalig wurde in der Entwicklung eine Software für ein durchgängiges Engineering der additiv gefertigten Karosserie-Knoten und der Aluminium-Strangpressprofile eingesetzt. Für die Konstruktion und CAE sowie die Prozessschritte in der additiven Fertigung wurde NX von Siemens PLM Software eingesetzt, was den Entwicklungsprozess effizienter machte und die bisher erforderlichen Programmwechsel entfallen lies.

Das Projektteam bestand aus folgenden Partnern und Rollen im Projekt:

EDAG war Initiator, Projektkoordinator und schmiedete die Kooperation. EDAG verfügt als unabhängiges Entwicklungsunternehmen der Automobilindustrie über umfangreiches Karosserie-Entwicklungs Know-how und praxisorientierte Zielvorgaben. Zudem brachte EDAG AM Know-how und eine langjährige praxiserprobte Leichtbau-Expertise ein. EDAG war für das Engineering des Next Generation Space Frame 2.0 verantwortlich und den Zusammenbau des Demonstrators.

Siemens PLM Software war der führende Technologielieferant für CAx-Software. Im Projekt erfolgte die Bereitstellung von Softwarelizenzen sowie Schulung und Beratung der Projektmitarbeiter. Es wurden in enger Zusammenarbeit mit EDAG mehrere Usecases erarbeitet, welche heute für Fallstudien und zu Trainingszwecken verwendet werden.

Constellium ist ein Automobilzulieferer von innovativen Aluminium-Leichtbau- Anwendungen. Für den NGSF 2.0 hat Constellium die Anwendungsberatung bei der Konzeptentwicklung, die Bereitstellung von Aluminium-Strangpressprofilen sowie auch die Durchführung eines Fallturmversuchs übernommen.

ConceptLaser ist ein führender Hersteller von pulverbettbasierten laseradditiven Fertigungsanlagen (LAM) und seit Ende 2016 Teil von GE Additive. Die additiv gefertigten Knoten des NGSF 2.0 wurden überwiegend von ConceptLaser hergestellt.

Fraunhofer IAPT als Rechtsnachfolge des LZN führt Technologietransfer für 3D-Druck und Laserstrahlschweißen als Auftragsforscher und Dienstleister durch und hat anwendungstechnischen Support ebenfalls ins Projekt eingebracht. Es erfolgte die Bereitstellung von additiv gefertigten Knoten und von geschweißten Komponenten für den NGSF 2.0. Zudem verfügt das Institut über eine hervorragende Außenwirkung und positioniert das Projekt immer wieder gewichtig in den Medien.

BLM Group ist ein Maschinenbauunternehmen für die Herstellung von integrierten und automatisierten 3D-Laserschneid- und 3D-Biegemaschinen und trägt erheblich zum intelligenten Fertigungskonzept im Sinne einer Industrie 4.0 bei.

Als assoziierte Partner unterstützten 3M Deutschland durch die Anwendungsberatung beim Ausführen der Klebverbindungen sowie KW Automotive durch das beistellen der Fahrwerkskomponenten.

2 Konzeptengineering

2.1 Konzeption und Konstruktion

Bei der Konzeption des NGSF 2.0 gab es verschiedene Anforderungen an das Engineering und besondere technische Herausforderungen aus den Vorarbeiten der Partner zu berücksichtigen:

- Technische Vorgaben aus dem Fahrzeugkonzept, dem Package und Design sowie der Karosserieentwicklung, der CAE sowie Antrieb und Fahrwerk
- Hoher Innovationsgrad an den additiv gefertigten Karosserieknoten durch Minimierung der Bauteilgröße, hohl ausgeformte Bauteile, Funktionsintegration, Berücksichtigung von Lattice-Strukturen bei ambitionierten Bauraumvorgaben
- Lastpfadoptimierte Knoten und die Anbindung von crashoptimierten und Energie absorbierenden Aluminium-Mehrkammer-Strangpressprofilen zum Ultraleichtbau
- Eine hohe Skalierbarkeit und Variantenintensiät durch Laststufendesign und verschiedene Fahrwerksanbindungsvarianten in werkzeugloser Fertigung
- Eine vorrichtungslose Fügetechnik für variantenintensive, komplexe Produkte in Kombination mit lasergeschnittenen, mit Lochbildern zur Verbesserung des Deformationsverhalten versehenen, 3D-endenbearbeiteten Profilen in flexibler Fertigung

Dabei stand die Gesamt-Topologie bezüglich Profilverlauf und Knotenpositionen in Wechselwirkung mit der Profildefinition, der Knotenkonstruktion und der Fügetechnik, insbesondere an den Knoten-Profil-Schnittstellen. Des Weiteren sollte der Space Frame hochmodular sein und mehrere Varianten durch Laststufen abdecken können. Für die verschiedenen durchdachten Konzepte wurden auch Unterschiede und Gemeinsamkeiten von LAM zu Guss betrachtet.

Verschiedene Einschränkungen waren zu beachten, wie z.B. durch die Anlagengeometrie von Constellium konnten die Profile nur in 2D gebogen werden. Da Mehrkammerprofile geplant waren, musste man beachten, dass diese nicht vollständig mit Lasern beschnitten werden können.

Für das Fügen der Knoten mit den Profilen wurde ein neues Verfahren entwickelt, bei dem Klebstoff in die im Bauteil gefertigten Klebstofftaschen injiziert wurde. Bei Mehrkammerprofilen muss der Klebstoff an mehreren Stellen eingespritzt werden, wodurch eine höhere Benetzungssicherheit wegen der kürzeren Fließwege gewährleistet wird. Das Verfahren hat zum Vorteil, dass der Knoten nur wenig Bauraum in Anspruch nimmt, die Klebeinjektionsverbindung hochbelastbar ist und diese Fügeverfahren bei einer Vielzahl von unterschiedlichen Knoten anwendbar ist (Lattice-Knoten). Vorteil eines additiv gefertigten Bauteils gegenüber eines Gussbauteils ist, dass mit den eingebrachten Fließkanäle die Innenstege der Mehrkammerprofile lasttragend angebunden werden können, was mit konventioneller Schweißtechnik nicht möglich ist.

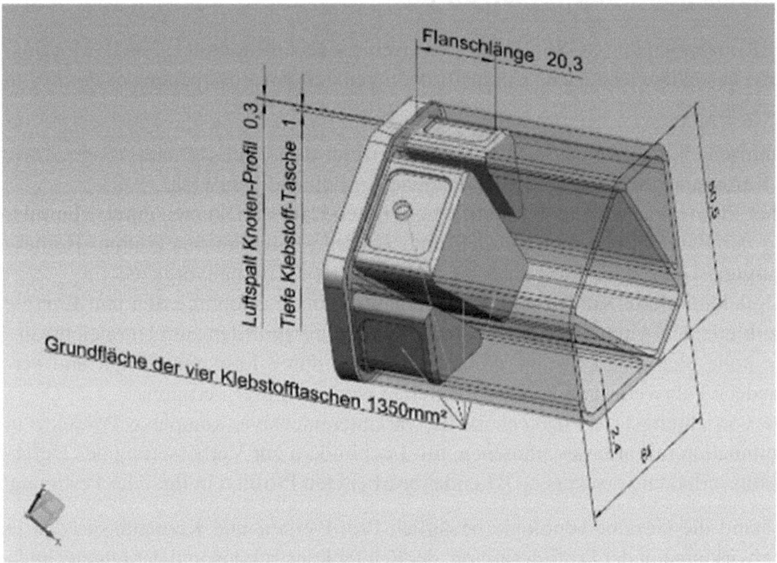

Abbildung 3: Anbindung der werkzeuglos, laseradditiv gefertigten Knoten und der Aluminium-Strangpress-Mehrkammerprofile durch ein Injektionsklebeverfahren mit sehr filigranen Fließkanälen im LAM Bauteil. Hier ein Probekörper für Klebeversuche.

Die Karosserieknoten wurden primär vorrichtungslos durch einstecken kinematisch gefügt. Der Vorteil dieser Bauweise liegt in der hohen Belastbarkeit und dem kleinen Bauraumbedarf sowie in dem Wegfall von den erforderlichen und teuren Spannvorrichtungen. Der Nachteil sind geometrische Restriktionen beim Fügen der Gesamtkarosserie und stärkere Beeinträchtigung durch Bauteiltoleranzen. Es wurde eine Lösung erarbeitet, wie man die Fügefolge in vorrichtungsloser Fügetechnik toleranztechnisch beherrschbar machen könnte.

Dazu wurden jeweils die linke und rechte Hälfte in Y-Richtung zusammengefahren. Der kritischste Fügeschritt des Gesamt-Fahrzeugs war das Verbinden von Hut und Plattform (Translation in z-Richtung). Die A-, (B-, und C-) Säule, die am Hut befestigt sind, werden beidseitig in die Plattform eingefädelt.

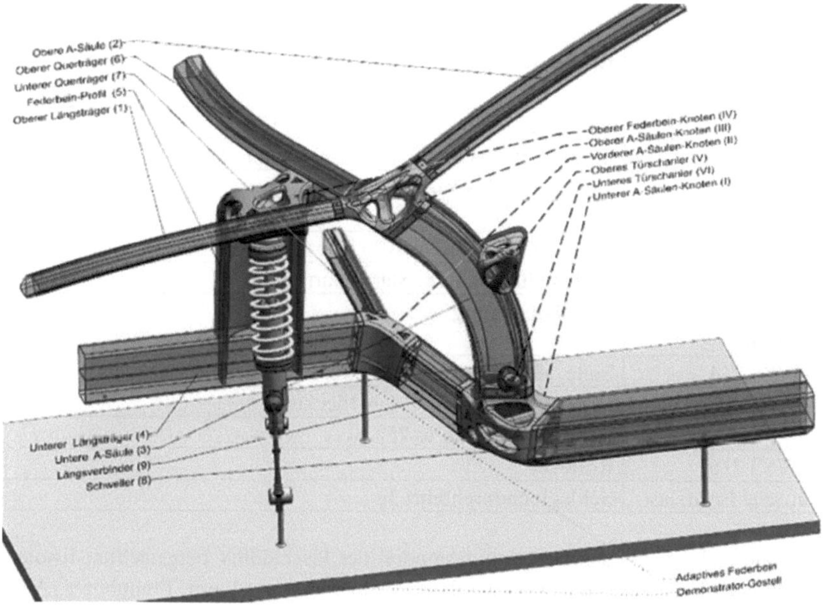

Abbildung 4: CAD-Datenmodell mit den AM-Features Wabenstruktur, bionischen Strukturen und einer integrierten Lattice Struktur im Zusammenbau mit energieabsorbierenden, crash- und steifigkeitsoptimieren Aluminium-Strangpressprofilen für eine optimale Lastaufnahme in der Fahrzeugstruktur.

2.2 Simulationsbasierte Auslegung

Für die Auslegung und Optimierung des Vorderwagens wurde ein CAE-Modell erstellt. Mit diesem konnten die Querschnitte der Profile durch eine Parameteroptimierung so angepasst werden, dass Biege- und Torsionssteifigkeit vergleichbar zu ausgewählten Referenzfahrzeugen waren.

Tabelle 1: Auslegungslastfälle des NGSF 2.0

Lastfälle Steifigkeiten	**Biege- und Torsionssteifigkeit**
Torsion	Steifigkeit Zielwert von 31.500 Nm/°
Biegung	Steifigkeit Zielwert von 17.200 N/mm
Lastfälle Front Crash	**Auslegung des Vorderwagens**
Euro NCAP	ODB /SOB, 64km/h, 40% Überdeckung
Euro NCAP	Full Width, 50km/h, Starre Barriere
Quasistatische Lastfälle	**Profilauslegung**
FMVSS 214	Seite, MDB Barriere, 1368kg, 54km/h, 27°
Euro NCAP	Frontal, 64km/h, 40% Überdeckung
ECE R135	Seite Pfahl 32 km/h, 75°
FMVSS 216	Rollover
Statische Ersatzlast	Schlaglochdurchfahrt 3g

Die Materialdaten für das Berechnungsmodell der laseradditiv hergestellten Knoten wurden nach Vorgabe von EDAG durch die Partner Concept Laser, Fraunhofer IAPT und EDAG erarbeitet und in die Simulationen implementiert. Es wurde eine weitere Profiloptimierung in Form einer Topologieoptimierung auf Basis der von Constellium beigestellten Materialkennwerte durchgeführt.

Das Optimierungsziel war eine maximale Steifigkeit (Funktion), bei minimalem Materialeinsatz (Leichtbau und Kosten) und gegebener Extrudierbarkeit des Werkstoffs (Herstellbarkeit). Es wurden nicht alle Profile gleichzeitig optimiert, sondern paarweise in Abhängigkeit von den dominierenden Lastfällen. Der Topologieoptimierung wurde eine Size-Optimierung angeschlossen um die Profilwandstärken festzulegen. Dazu wurde das Basisbauraummodell in das CAE-Modell implementiert.

Für die Ersatzlasten in der Optimierung wurden die Kräfte aus dem Puls abgeleitet, welcher in den Crashlastfällen entsteht. Ausgehend von ideal elastischen Stößen können die Impulse und somit auch die Kräfte in den lastaufnehmenden Strukturen einfach abgeschätzt werden.

Die aus den Ergebnissen hervorgegangenen Profile wurden dann auf Ähnlichkeit betrachtet. Dabei konnten durch zusammenlegen von Profilen mit ähnlichen Querschnitten weitere Kosten eingespart werden. Allerdings musste hierbei auch das Leichtbaupotential betrachtet werden.

Anschließend wurden dann die Knoten optimiert. Dazu wurden die Bauräume in das Fahrzeug-CAE-Modell eingebaut und mittels einer Topologieoptimierung zunächst eine Verkleinerung der Bauräume für die Optimierung der Knoten angestrebt. Aus den ursprünglich zunächst drei großen Bauräumen (eingeschränkte Wirtschaftlichkeit) konnten vier kleinere Bauräume für die Knoten abgeleitet werden, die es ermöglichten, wegen des kleineren Volumens eine kürzere Prozesszeit, Verwendung von kleineren Maschinenbauräumen und somit erhebliche Material- und Prozesskosten einsparen zu können.

Danach wurden die Knoten in einer Topologieoptimierung und anschließender Übernahme der Ergebnisse in das Design unter Berücksichtigung der oben genannten statischen Lastfälle optimiert. In den Berechnungen wurden die schon vorher optimierten Profile verwendet. Optimierungsziel war maximale Steifigkeit bei vorgegebener Massenreduktion.

Die Berechnungen wurden mit NX und teilweise, zu Validierungszwecken, mit Optistruct durchgeführt. Die Validierung der so gewonnenen Rahmenstruktur erfolgte anhand von Crash-Berechnungen. Dazu wurde der EDAG Cocoon als vereinfachtes Fahrzeugmodell für den Crash aufgebaut. Einige zusätzliche Komponenten wurden zur Lasteinleitung in das Modell mit aufgenommen, wie z.B. Boden, Sitzquerträger, Fußraumprofil, usw. Die Hülle des Cocoon trägt zur Steifigkeit der Karosserie nicht bei und wurde daher nur für Demonstrationszwecke eingebaut.

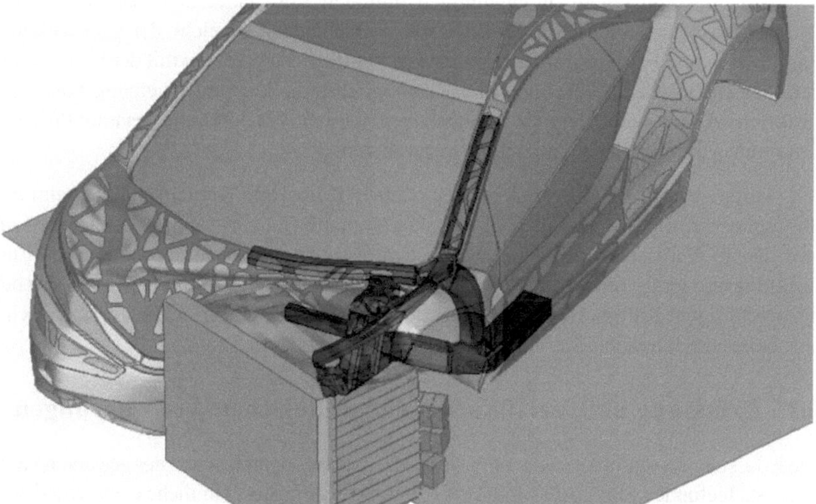

Abbildung 5 Crashsimulation des Demonstrators am Lastfall ODB /SOB, Euro NCAP, 64km/h, 40% Überdeckung.

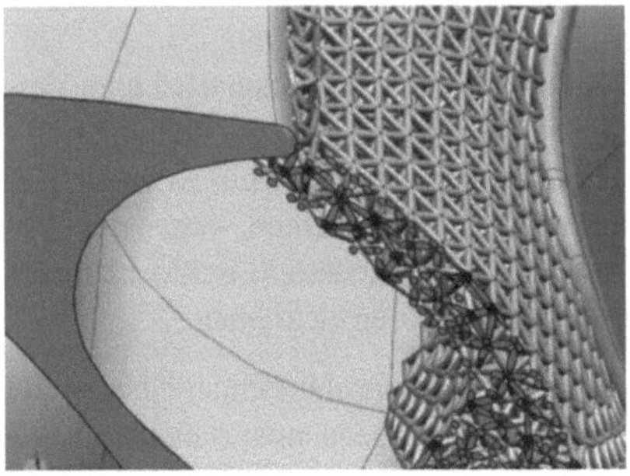

Abbildung 6a: Knotenausführung mit seinen Merkmalen: Wabenknoten, Bionische Struktur und Lattice Struktur

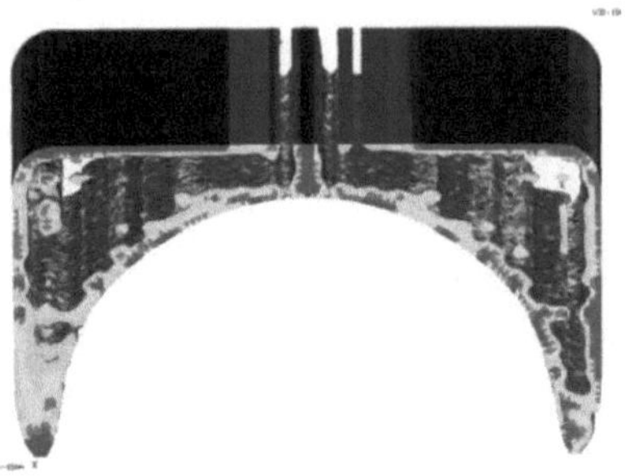

Abbildung 6b: Sizeoptimierung unter Verwendung des globalen CAE-Fahrzeugmodells zur Wanddickenoptimierung und Festlegung der Aluminium-Profilwandstärken.

3 Engineeringprozesskette mit NX

Die effiziente Umsetzung der Anforderungen in diesem Projekt wurde nur durch die Unterstützung von einem durchgängigen digitalen Entwicklungsprozesses möglich. Dieser Cax-Prozess musste in der Lage sein, verschiedene Bereiche der Konstruktion, Engineering und Fertigung auf einer einzigen Plattform zu vereinen mit dem Ziel, sämtliche Daten-Brüche zu beseitigen. Dies ermöglichte die leichte Umsetzung von Konstruktions-Änderungen, deren Wirkungen sich automatisch durch die gesamte Prozesskette transparent und nachvollziehbar verbreiteten.

NX wurde sowohl für die Auslegung einzelner Karosserie-Knoten und Aluminium-Strangpressprofile benutzt, als auch für die komplette Baukonstruktion des Space Frames. Dabei wurde erstmalig eine einzige Software eingesetzt, um den gesamten Entwicklungsprozess (von der Erfassung der Anforderung bis hin zum 3D-Druck) der additiv gefertigten Karosserie-Knoten abzudecken. Diese Engineering-Prozesskette wird hier beispielhaft anhand der Türscharnier-Knoten illustriert.

3.1 Erfassung und Verifikation der technischen Anforderungen

Die Erfassung der Anforderungen um jedes Einzelbauteil hat im Kontext des gesamten Fahrzeugs stattgefunden. Das CAD-Model der Karosserie beinhaltete sämtliche Geometriedaten, Materialien und relevante Lastannahmen. Auf dieser Basis wurde die Positionierung der Knoten für die Türscharniere bzgl. des unteren A-Säule-Profils festgelegt. Geometrien aus dem Erfahrungsschatz oder früheren Projekten ähnlicher Anwendungen wurden für Referenzzwecke importiert und mit Hilfe der NX Synchronous Technologie bearbeitet.

3.2 Leichtbaudesign durch Topologie-Optimierung

Die Technik der Topologie-Optimierung ermöglicht besonders leichte Designs. Dieses numerische Berechnungsverfahren ist in der Lage, aus einem verfügbaren Bauraum, möglichst günstige Geometrien für strukturelle Bauteile unter mechanischer Belastung zu ermitteln. Mit dem, für Konstrukteure ausgelegten -Topologie-Optimierungsmodul in NX wurden Randbedingungen und Lasten auf den maximalen Bauraum für das Türscharnier definiert. Unter anderem z.B. die Fixierung (geschweißt) an der A-Säule und Bohrungen für die Lagerung an der Tür und die standardisierten linearen Lasten: „Door Weight" und „Door Wind". Diese Parametrisierung wird auf Basis von gewöhnlichen Elementen aus der Konstruktion durchgeführt, wie etwa Volumenkörper, Flächen, Skizzen, usw. Daraus erzeugt der Topologie-Optimierer automatisch im Hintergrund ein diskretes Model mit Voxel-Elementen. Durch ein Gradient-basiertes iteratives Verfahren wird die Dichte der einzelnen Elemente im Bauraum verändert bis die maximale Performance des Systems erreicht wird, je nach Auswahl von Zielfunktion, Nebenbedingungen und eventuellen Fertigungsrestriktionen.

Im Falle des Scharniers wurde als Zielfunktion die Minimierung der strukturellen Nachgiebigkeit bei einer vorgegebenen Massenreduktion verwendet. Dazu wurde eine für die Additive Fertigung wichtige Restriktion mitberücksichtigt, nämlich die Minimierung der Regionen, die einen gewissen Überhangwinkel bzgl. der Druckrichtung überschreiten. Das Ergebnis aus der Berechnung ist eine hoch geglättete Facetten-Geometrie (wie im Abbildung 1 gezeigt), welche konstruktiv verarbeitet oder direkt für den 3D-Druck verwendet werden kann.

3.3 Geometrie-Anpassung

In diesem Stadion des Entwicklungsprozesses sind Anpassungen an das topologisch optimierte Design zu erwarten, aus Gründen wie z.B. Funktionsflächen fertigungsgerecht zu modellieren oder wegen Erkenntnissen aus virtuellen (CAE) Verifizierungsschleifen. Die Geometrie des Türscharniers wurde daher mit speziellen CAD-Funktionalitäten bearbeitet. Besonders relevant ist die Anwendung der Convergent Modeling Technologie ™, ein innovatives Datenmodel, bei dem Facetten- mit BREP-Geometrien einheitlich bearbeitet werden können. Sowie das Modul NX Realize Shape für das Erstellen von organischen Geometrien.

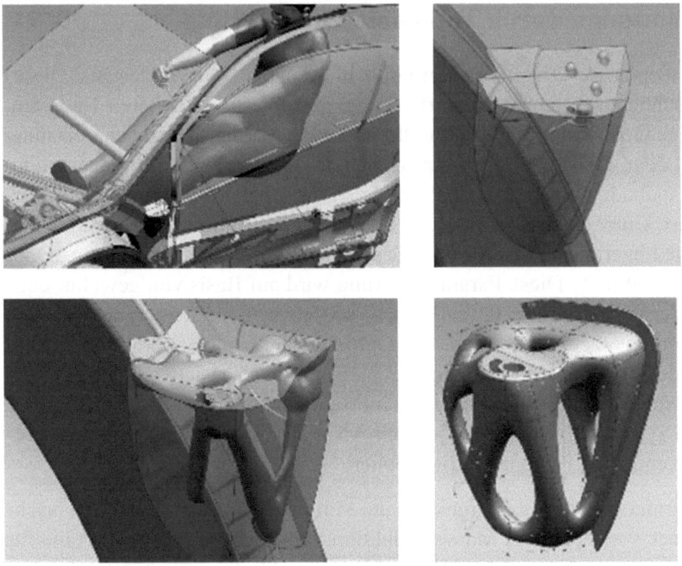

Abbildung 7: (von links) CAD Global Kontext des Fahrzeugs, Bauraum für die Topologie Optimierung (TO), Ergebnis aus der TO, Anpassung der optimierten Geometrie

3.4 Überprüfung der Performance und Herstellbarkeit

Virtuelle Verifizierungen verschiedener Natur sind erforderlich, bevor ein Bauteil für die Additive Fertigung freigegeben wird. Das Scharnier wurde mit dedizierten Additive-Designer-Methoden nachgeprüft (in Hinsicht auf das pulverbettbasierte laseradditive Fertigungsverfahren) insbesondere nach der Notwendigkeit von Stützgeometrie, wie auch nach Materialeinschlüssen und Mindestwanddicke.

Eine Funktionsvalidierung der finalen Konstruktion durch Simulation mit NX Nastran wurde dazu durchgeführt. Die oben genannten Lastfälle wurden linear statisch im Kontext des globalen Karosseriemodels geprüft. Lokale und globale dynamische Verhalten des Space Frames wurden auch auf Modalbasis untersucht. Die CAD- und CAE-Daten verbleiben assoziativ untereinander, somit wurden Änderungsvorschläge aus der Simulation leicht in der Konstruktion umgesetzt und iterativ getestet.

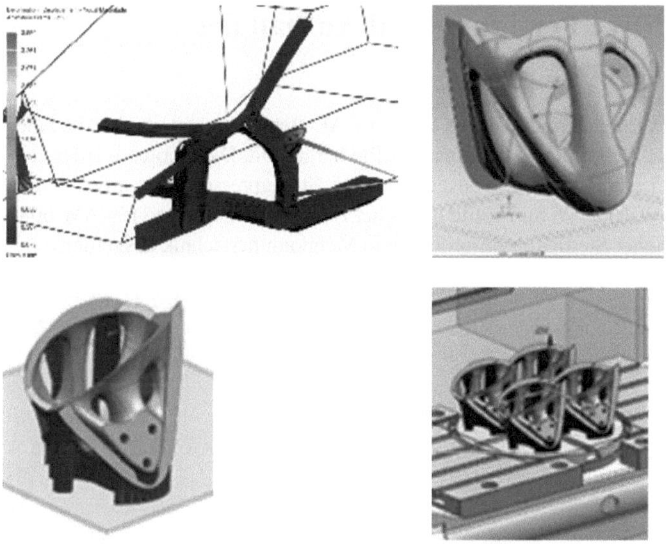

Abbildung 8: (von links) Globale Modal Analyse mit NX Nastran, Überhangwinkel-Test, Auslegung von Stützgeometrien, Nacharbeitung mit CNC-Fräsmaschine

3.5 Bauraumplanung, 3D-Druck in LAM und Endbearbeitung

Das additive Manufacturing Modul in NX wurde für die Einrichtung des Druckauftrags und des Bauraumes benutzt, nachdem der dafür vorgesehene 3D Drucker ausgewählt wurde. Dasselbe Modul diente auch für die Positionierung und Verschachtelung des Türscharniers, sowie für die assoziative und automatische Konstruktion der notwendigen Stützgeometrien. Die finale Einrichtung wurde direkt an den entsprechenden Buildprozessor weitergegeben um die Erstellung der Druckbahnen für den ausgewählten Drucker zu initiieren.

Additive gefertigte Bauteile müssen in der Regel mit konventionellen maschinellen Methoden nachbearbeitet werden, z.B. um die Funktionsbereiche auf die erforderliche Präzision zu bringen. In diesem Fall waren die Bohrungen für die Lagerung der Tür und die an der A-Säule zu schweißenden Flächen zu betrachten. Der Bearbeitungsablauf auf einer 5-Achsen CNC-Fräsmaschine wurde mit dem NX CAM Modul virtuell vorbereitet und simuliert. Daraus wurde das tatsächliche Programm für die CNC-Maschine automatisch erzeugt. Dieser finale Schritt in der Prozesskette für die Additive Fertigung erfüllt auch die Anforderung, dass die Konstruktionsdaten während des gesamten Entwicklungsprozesses ununterbrochen assoziativ untereinander bleiben müssen.

4 Laseradditive Fertigung und Aufbau des Demonstrators

Nach Abschluss des Engineering-Designs und der CAE-Berechnungen wurden die Knoten gefertigt und die Aluminium-Strangpressprofile hergestellt. Die Knoten wurden teilweise hohl und mit Lattice-Strukturen ausgestattet. Die Strangpressprofile wurden in dem Werkstoffen EN-AW 6008 T6 für Profile mit hoher Energieaufnahme und EN-AW 6082 T6 für Profile mit hoher Steifigkeitsanforderung in Mehrkammertechnik ausgeführt.

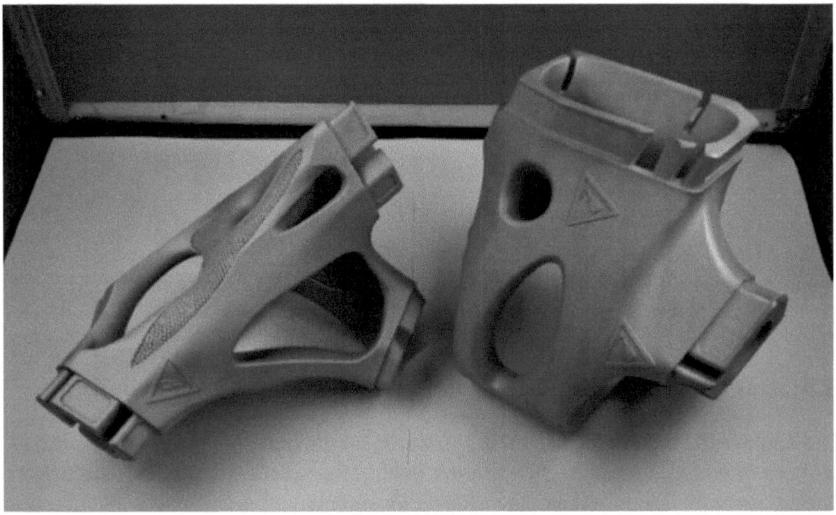

Abbildung 9: Karosserieknoten des NGSF 2.0 in laseradditiver Fertigung in ALM AlSi10Mg. Erkennbar sind die von außen nicht einsehbaren Innenstruktur-Verstärkungen, welche sich an den topologischen Lastpfaden orientieren.

Im Zusammenbau des Demonstrators wurden mehrere Fügeverfahren zur Anwendung gebracht. Mit dem Laserstrahlschweißen wurde einer laserintensiven Bauweise Rechnung getragen, welche die Potenziale einer voll flexiblen Roboterzelle bei hoher Leistungsfähigkeit in einer variantenintensiven, flexiblen, werkzeugarmen On-Demand Fertigung Rechnung tragen soll. Die Klebetechnik soll die Potenziale einer intelligenten multifunktionalen Fügetechnik für den Mischbau aufzeigen, und speziell die Möglichkeit der Multifunktionalität in der Flanschgestaltung von geklebten AM-Bauteilen aufzeigen.

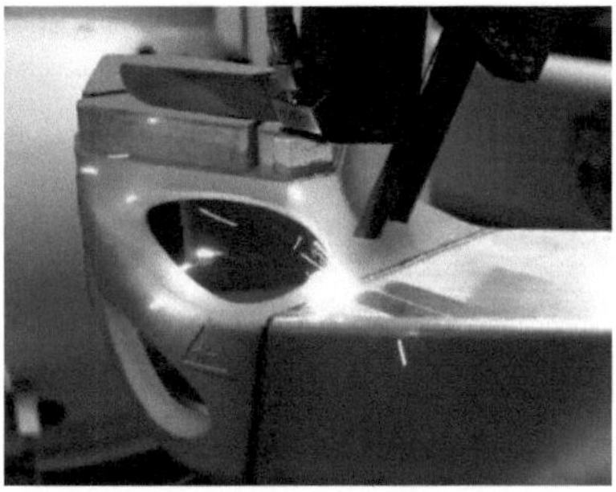

Abbildung 10a: Laserstrahlschweißen in vorrichtungsloser Fügetechnik durch Aufstecken.

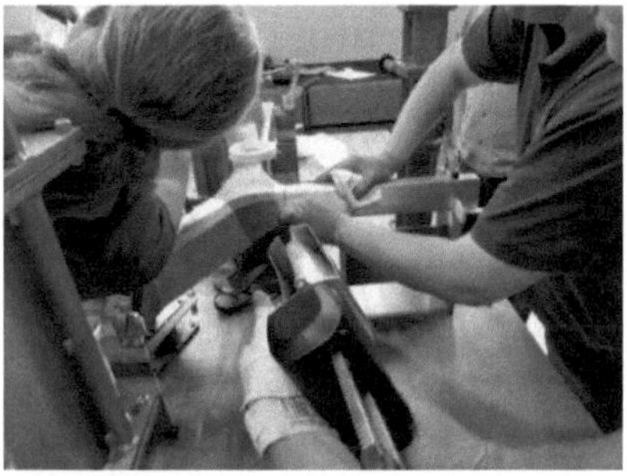

Abbildung 10b: Fügen durch Injektions-Kleben. Die Fließkanäle wurden in dem LAM Bauteil vorgesehen, um den Klebstoff auch an von außen unzugänglichen Verbindungsstellen zuzuführen.

Im Prototypenbau wurde eine Fügevorrichtung für den Zusammenbau hergestellt. Dies war notwendig, weil mehrere Demonstratoren unter reproduzierbaren Bedingungen gefertigt werden sollten und so auch verlässlich eine Aushärtung des Klebstoffs gewährleistet werden konnte. In einer möglichen Kleinserienfertigung würde die Fixierung der Klebverbindungen über wieder entfernbare Stellschrauben erfolgen.

Abbildung 11: Detailansicht der Injektionsklebeverbindung sowie Ansicht der Lattice Strukturen im A-Säulen Knoten. Die Lattice Strukturen bilden eine Außenkontur, sind zugleich eine Stützstruktur zur Herstellbarkeit im LAM-Verfahren und dienen zur Optimierung des Verzugs des Bauteils.

5 Validierung an Fallturmversuchen

Ein weiterer Schwerpunkt dieses Projekts war die Durchführung von Versuchen an den Aluminium-Crashstrukturen, welche neben den besonders energieabsorbierenden Aluminium-Strangpress-Werkstoffen auch die LAM-gefertigten Aluminium-Bauteile in den Lastpfaden beinhalten.

Hintergrund ist das bisher noch unzureichende Erfahrungswissen über das Verhalten von additiv gefertigten Strukturen unter hohen kurzzeitigen dynamischen Belastungen. Mit Hilfe des Fallturms können Crashversuche nachgestellt und ausgewertet werden.

Aus dem NGSF 2.0 wurde ein Crash Demonstrator abgeleitet. Anschließend wurde die Crash Demonstratoren für den Fallturmversuch bei Constellium vorbereitet und durchgeführt. Dabei wurde auf das Faltverhalten des Längsträgers besonderer Augenmerk gelegt. Für drei verschiedene eingeleitete Energien, 16kJ, 20kJ und 23kJ zeigte sich, dass das Faltverhalten wie aus der Berechnung erwartet aussah. Der untere A-Säulen Knoten blieb relativ unbelastet und zeigte kein Versagen. Die höchste Energie entspricht dem Crashlastfall Verbraucherschutz ODB Euro NCAP mit einer Geschwindigkeit von 64km/h und einer 40%igen Überdeckung zur Barriere.

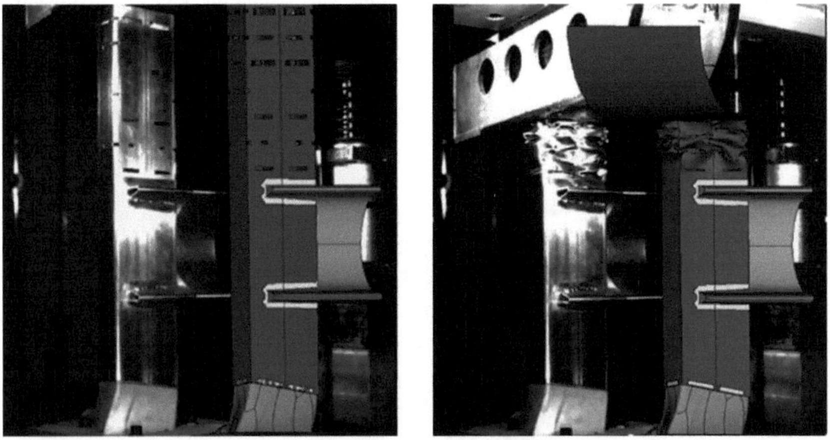

Abbildung 12: Fallturmversuch: vor der Versuchsdurchführung (links) und nachher (rechts). Eine Auswertung der Faltenbilder und der Energie-Zeit-Kurven zeigt eine ausreichend hohe Prognosegüte in den FEM-Simulationen auf.

6 Zusammenfassung und Ausblick

Erstmalig wurde in der Entwicklung eine Software für ein durchgängiges Engineering der additiv gefertigten Karosserie-Knoten und der Aluminium-Strangpressprofile eingesetzt. Für die Konstruktion und CAE sowie die Prozessschritte in der Additiven Fertigung wurde NX eingesetzt, was den Entwicklungsprozess effizienter machte und die bisher erforderlichen Programmwechsel entfallen lies.

Das Knotengewicht betrug nur noch 8 kg was einer sehr signifikanten Gewichtsreduktion gegenüber Guss entspricht. Diese Gewichtsreduktion ließ sich durch die Verwendung von LAM gefertigten kompakten 3D-Knoten und intelligent bearbeiteten Aluminium Mehrkammer-Profilen verwirklichen.

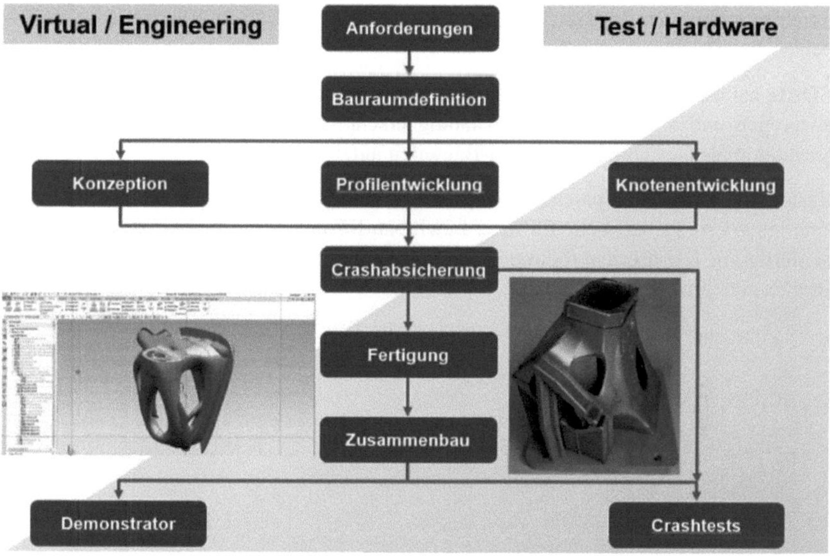

Abbildung 13: Ein intensiver Abgleich zwischen Funktionsgestaltung und CAE-Auslegung des Bauteils, die Berücksichtigung der Herstellbarkeit in Additive Manufacturing und die Berücksichtigung von Stützstrukturen bei Verzugsminimierung prägen die Entwicklungsmethodik.

Dabei wurden flexible vorrichtungs- und werkzeugarme Verfahren für hohe Wirtschaftlichkeit eingesetzt. Es wurde das Laststufenkonzept einbezogen, welches eine Vielzahl von Antriebs- und Energiespeichersystemen erlaubt.

Um die additiv gefertigten Karosserie-Knoten mit den Aluminium-Profilen in Mehrkammertechnik zu verbinden, können z.B. das Laserstrahlschweißen oder das Kleben eingesetzt werden, sodass bei Letzteren auch artverschiedene Werkstoffe verbunden werden können. Hierdurch wurde das Vorgängerprojekt mit seinen lessons learned konsequent fortgesetzt.

Für den Längsträger in Kombination mit AM-gefertigten Knoten wurden Crashversuche auf dem Fallturm durchgeführt. Die Berechnungen und Versuche konnten nachweisen, dass die Crashbereiche kontrolliert Energie absorbieren und der AM-Knoten strukturell nicht versagt. Zudem wurden die Kosten der AM-Knoten durch Minimierung der Stützstrukturen reduziert. Die durchgängige Engineering Datenprozesskette hat dazu beigetragen sowohl eine wesentlich höhere Performance in der Entwicklung als auch in der Fertigung zu erreichen. Dadurch konnte im Vergleich zu marktüblichen Fahrzeug-Leichtbaustrukturen das Gewicht um weitere 20 % für High-End-Fahrzeuge und Supersportwagen zu reduzieren.

EDAG hat das Projekt mit seinen Partnern initiiert, um die Diskussion in der Branche anzuregen und die noch nicht vollständig erschlossenen Forschungsbedarfe für die crashoptimale Gestaltung von LAM-Bauteilen aufzuzeigen

Basierend auf eigenen Forschungs- und Entwicklungsaktivitäten bieten nun die Partner eine integrierte Prozesskette für neue Leichtbau-Lösungen an, die sowohl für Prototypenfertigung, Kleinserienproduktion aber auch auf alle denkbaren anderen industriellen Branchen übertragen werden kann.

Abbildung 14: Projektteam und Demonstrator des NextGen Spaceframe 2.0 auf der IAA 2017 in Frankfurt.

Ein besonderer Dank ergeht an das gesamte interdisziplinäre Projektteam, welches im Zeitraum von Oktober 2016 bis September 2017 intensiv zusammen gearbeitet hat:

EDAG: Dr.-Ing. Martin Hillebrecht, Sven Orloff, Torsten Jung, Marco Erb, Marc Dreesen, Daniel Schilder, Jörg Hülsmann, Thomas Hasenauer, Jörg Herrmann, Wolfang Reul und Wolfgang Zink.

Siemens PLM Software: Gunter Deisenroth, Helmut Zeyn, Manuel Gaytan, Peter Scheller, Patrick Roth, Jörg Himmeldorf, Jürgen Stierle

Constellium: Martin Feuerstein, Jörg Hötz, Lionel Chapis

Concept Laser: Peter Appel, Lisa Pastuschka, Frank Pfister, Daniel Hund

BLM: Sergio Raso, Giovanni Zacco

Fraunhofer IAPT: Frank Beckmann, Prof. Dr.-Ing. Claus Emmelmann, Michael Lippert, Jens-Peter Isakovic

Zudem bedanken wir uns für die anwendungstechnische Beratung bei 3M Deutschland für die Konzeption und Ausführung der Klebverbindung bei Herrn Rüdiger Frisch, sowie bei KW Automotive für die Bereitstellung der Fahrwerksbauteile durch Herrn Jürgen Wohlfarth und Herrn Willy Ahlmann.

ENTWICKLUNGSMETHODIK

Leichtbau in der Karosserieentwicklung durch Einsatz numerischer Optimierung

Dr. Johannes Siegmann, Dr. B. Künkler,
Opel Automobile GmbH

LIGHT WEIGHT DESIGN IN CAR BODY DEVELOPMENT BY APPLICATION OF NUMERICAL OPTIMIZATION

Dr. Johannes Siegmann

Opel Automobile GmbH

AGENDA

1. **Scope of Simulation/Optimization Driven Engineering**
2. **Application Example: BIW development**
3. **Application Example: Concept Development Phase**
4. **Application Example: Concept Refinement Phase**
5. **Summary and Conclusions**

2

THE DILEMMA IN AUTOMOTIVE DEVELOPMENT

3

SIMULATION/OPTIMIZATION DRIVEN ENGINEERING

Approach:

- Use simulation/ optimization methods during **all phases** of vehicle development and for **all/many vehicle components**
- Use optimization methods for **concept development/ concept decisions**
- Use optimization methods for **target setting/target balancing**

Result ("Vision"):

- **Generate the optimum concept based on the optimum targets and create the optimum parts for the optimum vehicle**
- **Increase efficiency in vehicle development**

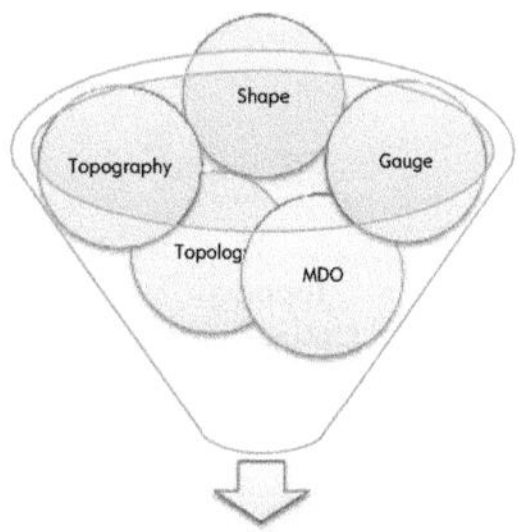

Optimized product

4

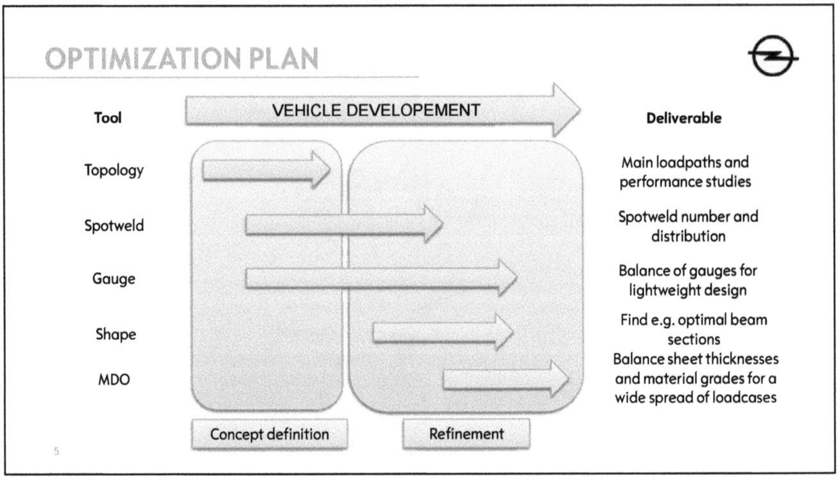
OPTIMIZATION PLAN
VEHICLE DEVELOPEMENT
Tool
Deliverable
Topology
Main loadpaths and performance studies
Spotweld
Spotweld number and distribution
Gauge
Balance of gauges for lightweight design
Shape
Find e.g. optimal beam sections
MDO
Balance sheet thicknesses and material grades for a wide spread of loadcases
Concept definition
Refinement
5

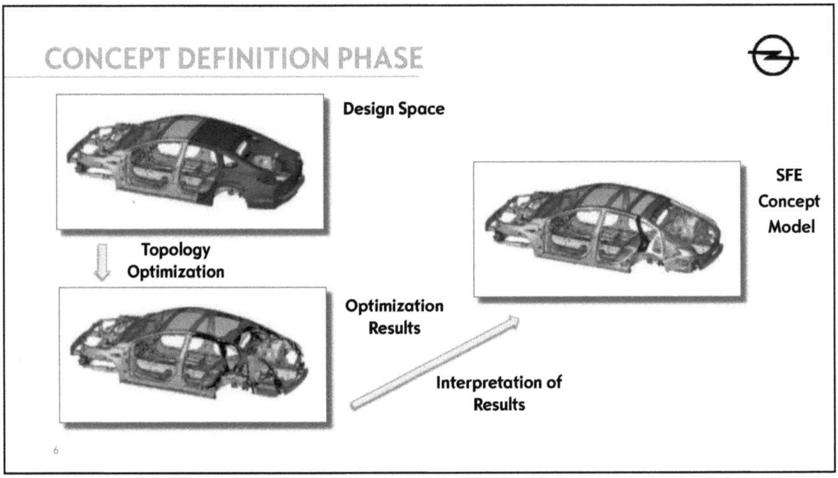
CONCEPT DEFINITION PHASE
Design Space
Topology Optimization
Optimization Results
Interpretation of Results
SFE Concept Model
6

UPPER STRUCTURE TOPOLOGY OPTIMIZATION

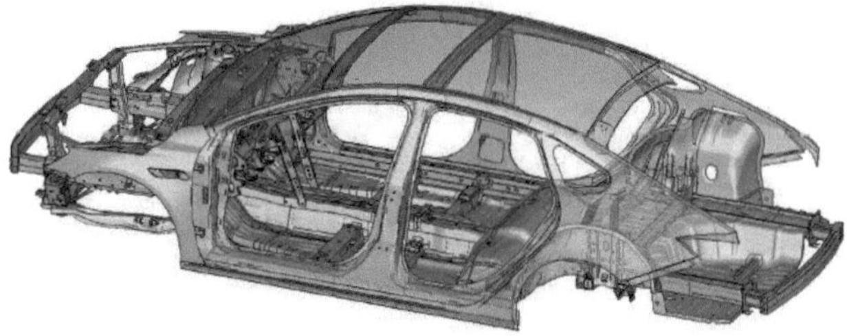

Base model w/o rear structure

7

UPPER STRUCTURE TOPOLOGY OPTIMIZATION

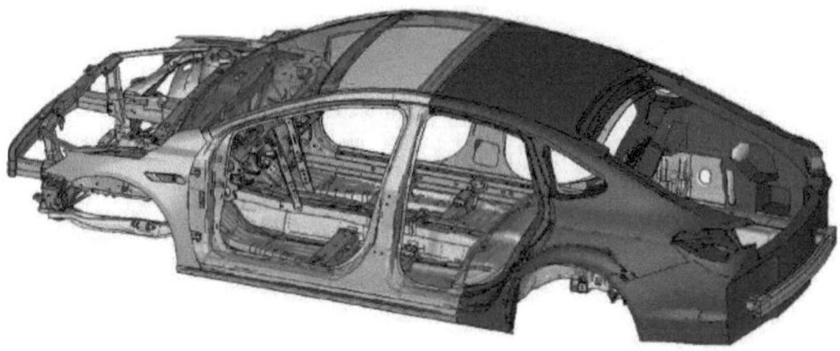

Design space for rear structure based on package definitions

8

UPPER STRUCTURE TOPOLOGY OPTIMIZATION

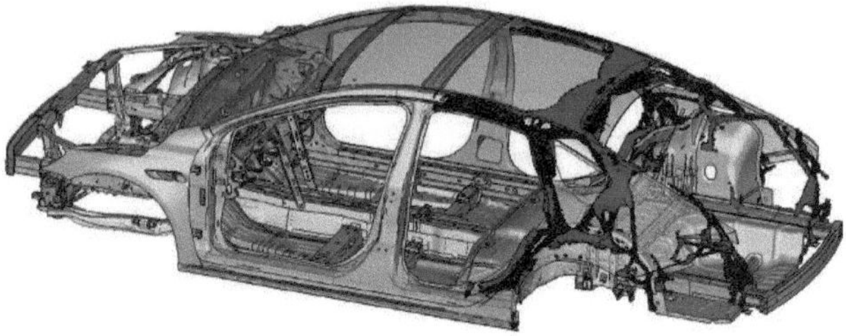

Topology optimization results for global and local stiffness

10

UPPER STRUCTURE TOPOLOGY OPTIMIZATION

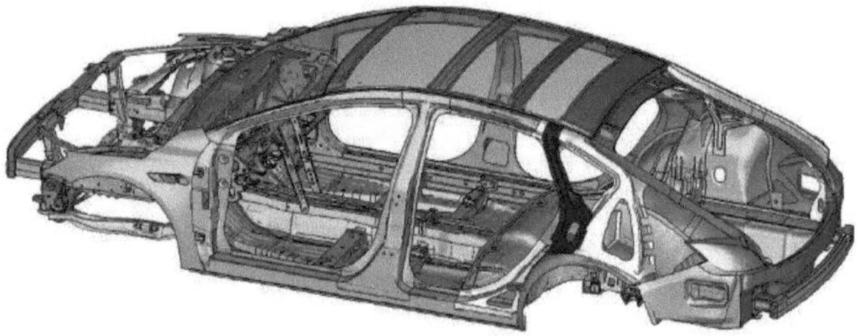

Translation of topology optimization results into sheet metal design proposal (SFE-Concept model)

11

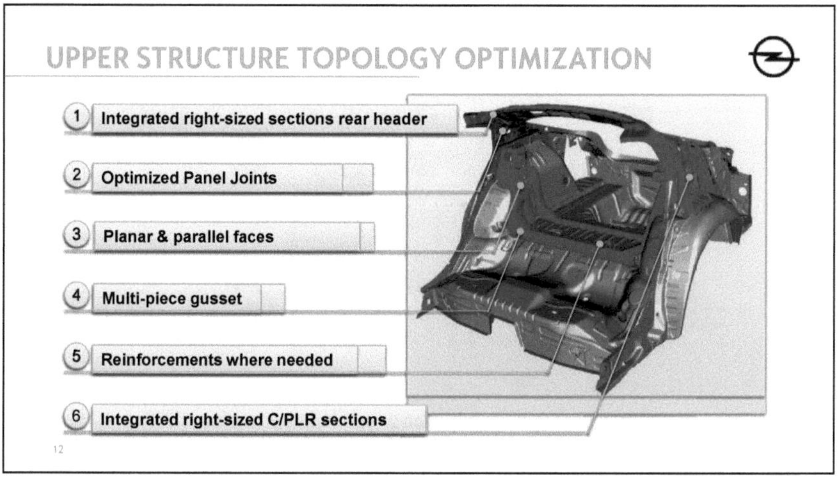
UPPER STRUCTURE TOPOLOGY OPTIMIZATION
1 Integrated right-sized sections rear header
2 Optimized Panel Joints
3 Planar & parallel faces
4 Multi-piece gusset
5 Reinforcements where needed
6 Integrated right-sized C/PLR sections
12

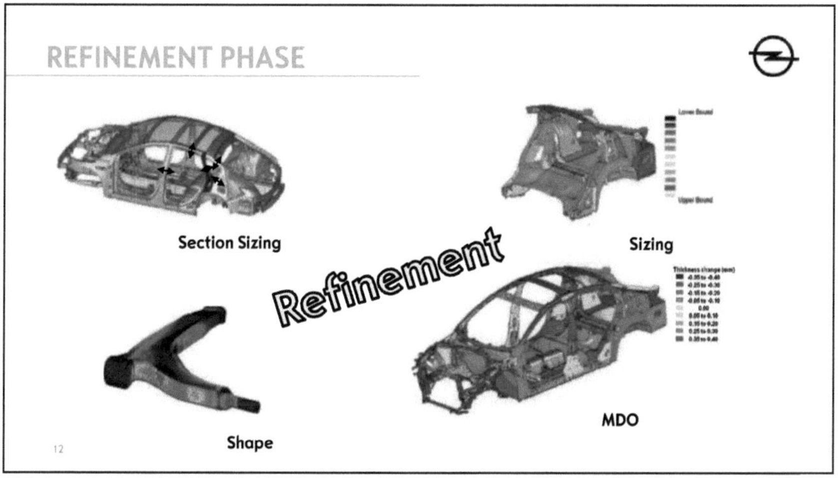
REFINEMENT PHASE
Section Sizing
Sizing
Refinement
Shape
MDO
12

GAUGE

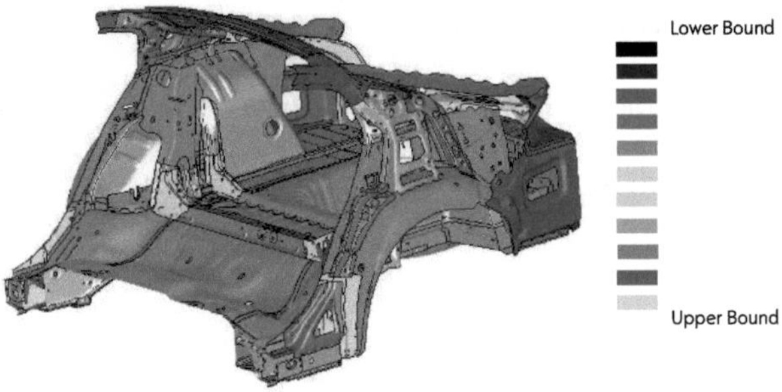

Optimal gauge distribution which fulfills all stiffness requirements with minimal mass

13

MULTI-DISCIPLINARY-OPTIMIZATION (MDO)

Multidisciplinary optimization (MDO)

- Setup:
  - Crash, NVH and Stiffness loadcases (linear and non-linear)
  - Whole BIW
  - Up to 200 design variables created (gauges and grades)
- MDO results:
  - Optimized sheet thickness distribution for complete BIW and front cradle derived
  - Significant Mass saving potential identified

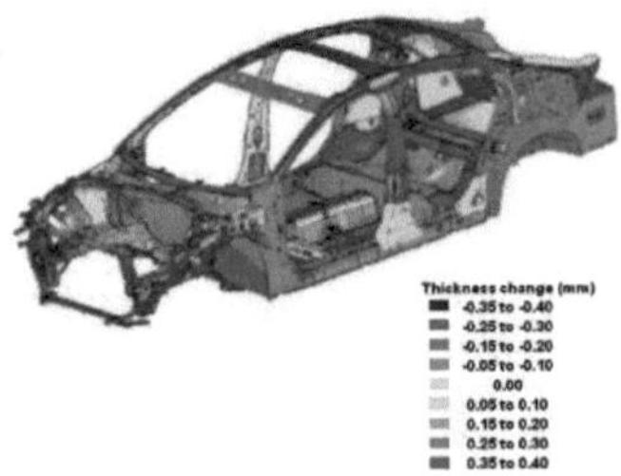

14

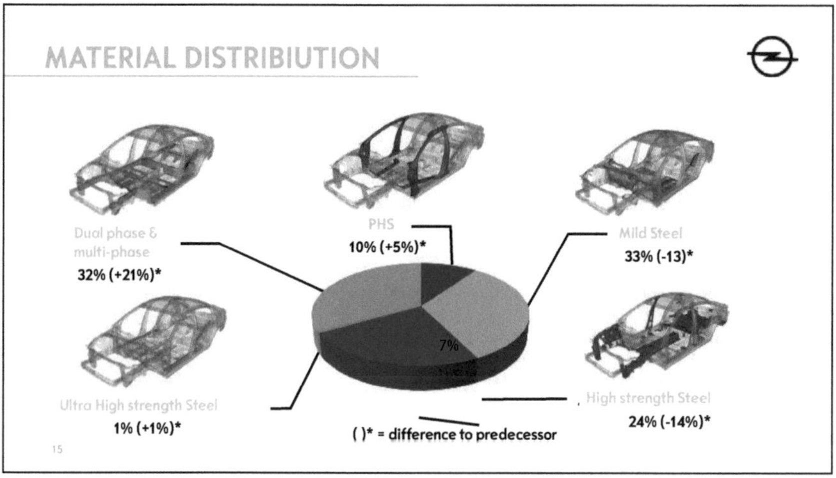
MATERIAL DISTRIBIUTION
Dual phase &
multi-phase
32% (+21%)*
PHS
10% (+5%)*
Mild Steel
33% (-13)*
7%
Ultra High strength Steel
1% (+1%)*
High strength Steel
24% (-14%)*
( )* = difference to predecessor
15

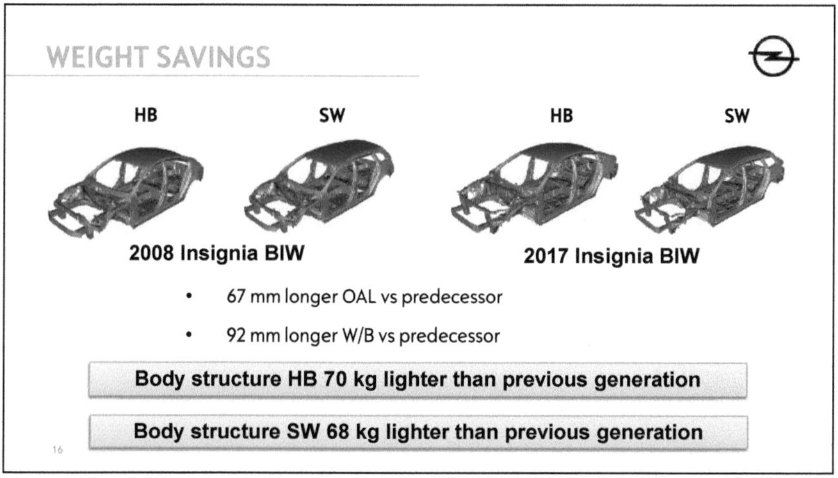
WEIGHT SAVINGS
HB
SW
HB
SW
2008 Insignia BIW
2017 Insignia BIW
• 67 mm longer OAL vs predecessor
• 92 mm longer W/B vs predecessor
Body structure HB 70 kg lighter than previous generation
Body structure SW 68 kg lighter than previous generation
16

SUMMARY AND CONCLUSIONS

Conclusions:

- Reduced number of „manual" development loops
  ➔ increased efficiency saves time and thus costs
- Target setting/target balancing with support of optimization helps to find "hidden" mass drivers that would not be discovered in standard development process ➔ add. mass saving

Outlook:

- Generate the optimum concept based on the optimum targets and create
  the optimum parts for the optimum vehicle ➔ **save mass, cost and time**
- Apply optimization methods during **all phases** of vehicle development and for **all/many vehicle components**

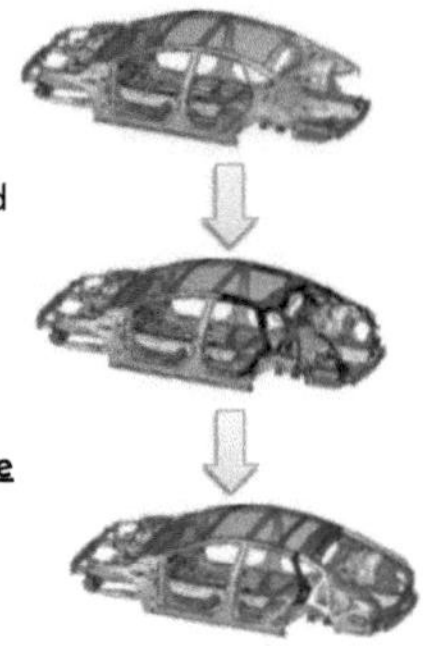

17

THANK YOU

Optimierung der Aeroakustik am Beispiel des VW Polo

Steffen K. Kroll und Dr. Joachim Juhnke,
Funktionsauslegung Karosserie, Volkswagen AG, Wolfsburg

1. Einleitung

Die Akustik eines Fahrzeugs setzt sich allgemein aus drei wesentlichen Geräuschquellen zusammen:

- **Antriebsgeräusche** (verursacht durch den gesamten Antriebstrang zur Erzeugung der notwendigen Antriebsleitung)
- **Abrollgeräusche** (verursacht durch das Abrollen der Reifen auf der Fahrbahn)
- **Windgeräusche** (verursacht durch die Luftumströmung des Fahrzeuges und seiner Anbauteile)

Letztere werden auch unter dem Begriff „Aeroakustik" zusammengefasst und sollen in diesem Beitrag näher betrachtet werden. Während die Antriebs- und Abrollgeräusche bei geringen Fahrzeuggeschwindigkeiten den gesamten Frequenzbereich dominieren, wächst der Anteil der Windgeräusche mit steigender Geschwindigkeit rapide an, da die Schallintensitäten der aeroakustischen Quellen, abhängig vom Quelltyp, mit der vierten bis achten Potenz der Geschwindigkeit zunehmen. Die Windgeräusche dominieren dann zunehmend den oberen Frequenzbereich, während die Antriebs- und Abrollgeräusche weiterhin einen wesentlichen Anteil zum niederfrequenten Bereich beitragen (Schütz 2013). Beispiele für aeroakustische Geräuschquellen eines Fahrzeugs sind in Abbildung 1.1 gezeigt. Die Lärmemissionen eines Fahrzeugs führen

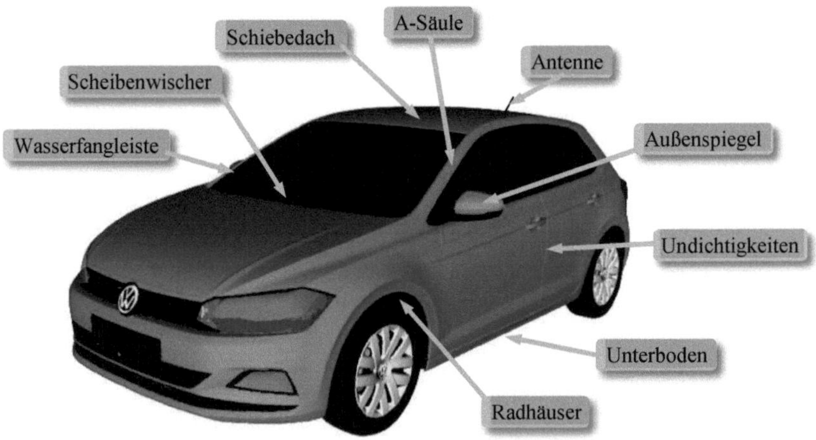

Abbildung 1.1: Aeroakustische Geräuschquellen eines PKW (gezeigt am Berechnungsmodell des neuen VW Polo)

nicht selten zu einer entsprechenden Lärmbelastung. Dies gilt nicht nur für die entstehenden Außengeräusche, wie beispielsweise bei der Vorbeifahrt eines Fahrzeuges, sondern ebenso für die Innengeräusche, welche von den Fahrzeuginsassen wahrgenommen werden. Gerade bei längeren Fahrstrecken können der Fahrkomfort, die Konzentration und somit die Sicherheit erheblich beeinträchtigt werden. Durch die damit verbundenen stark gestiegenen Ansprüche an die Aeroakustik eines Fahrzeuges, wird eine stetige Reduktion von aeroakustischen Lärmquellen angestrebt, um die Lärmbelastung auf ein Minimum zu reduzieren. Insbesondere durch die mit der Elektrifizierung des Antriebsstranges verbundene Verringerung der Antriebsgeräusche gerät die Aeroakustik auch bei geringeren Geschwindigkeiten zunehmend in den Fokus.

1.1 Aeroakustische Grundlagen

Bei der Um- und Durchströmung des Fahrzeugs sowie den Anbauteilen können verschiedene aeroakustische Mechanismen auftreten, welche zur Erzeugung von Schall führen. Um diese Mechanismen greifbar zu machen, verwendet man im Allgemeinen idealisierte Näherungsmodelle. Diese können als unterschiedliche Quelltypen verstanden werden und lassen sich nach (Helfer 2005) wie folgt kategorisieren:

- **Massenstromquellen**
- **Impulsquellen**
- **Volumenquellen**

Die verschiedenen Quelltypen besitzen unterschiedliche Eigenschaften. Typische Massenstromquellen entstehen beispielsweise bei der Durchströmung von kleinen Öffnungen, wie Undichtigkeiten und Leckagen. Impulsquellen hingegen ergeben sich immer dann, wenn es zu einer Wechseldruckbeaufschlagung von festen Oberflächen kommt. Dies ist beispielsweise beim Auftreffen von turbulenten Strömungen auf die Oberfläche des Außenspiegels und der Seitenscheibe der Fall. Volumenquellen entstehen üblicherweise im turbulenten Nachlauf des Außenspiegels oder des gesamten Fahrzeugs. Die Volumenquellen werden im Allgemeinen aufgrund ihrer relativ geringen Schallintensitäten vernachlässigt. Generell zeigt sich, dass die Schallintensitäten der akustischen Quellen sehr sensitiv gegenüber einer Änderung in der Geschwindigkeit sind. Kleine Änderungen der Geschwindigkeit können daher große Auswirkungen auf die Schallintensität bewirken. Dies gilt insbesondere für die Anbauteile eines Fahrzeugs, welche oft stumpfe Körper für die Strömung darstellen. Hier kann die Umströmungsgeschwindigkeit lokal sehr viel höher sein, als die entsprechende Fahrzeuggeschwindigkeit. Ein gutes Beispiel dafür stellt der Fahrzeugaußenspiegel dar. Bei einer Fahrzeuggeschwindigkeit von 100km/h kann die lokale Geschwindigkeit am Außenspiegel, je nach Geometrie, bis zu einem Faktor zwei größer sein. Der Außenspiegel stellt daher eine der größten aeroakustischen Geräuschquellen dar und befindet sich zudem in direkter Nähe zum Fahrer. Durch die angrenzende Seitenscheibe wird ein großer Teil des Spiegelschalls in den Innenraum des Fahrzeuges abgestrahlt.

Das Ziel der Funktionsauslegung bei Volkswagen in Bezug auf die Aeroakustik ist es daher, die vom Außenspiegel erzeugten Lärmemissionen durch eine Optimierung hinsichtlich der Spiegelgeometrie und -position auf ein Minimum zu reduzieren.

1.2 Optimierung des Fahrzeugaußenspiegels

Da eine rein subjektive Beurteilung der Lärmemissionen bei Straßenfahrten und in Aerodynamik-Windkanälen unzureichend ist, stehen im Allgemeinen nur zwei Möglichkeiten zur Verfügung, um verschiedene Spiegelvarianten hinsichtlich ihrer aeroakustischen Eigenschaften zu bewerten. Zum einen experimentelle Untersuchungen in speziellen Aeroakustik-Windkanälen, welche einen verringerten Geräuschpegel aufweisen, und zum anderen numerische Simulationen. Aufgrund der hohen Komplexität und des damit verbundenen Rechenaufwandes von Akustiksimulationen wurden bis vor einiger Zeit vorrangig Windkanalexperimente durchgeführt. Im Zuge der Digitalisierung und der stetig wachsenden Rechenleistung werden die numerischen Untersuchungen im Rahmen der virtuellen Absicherung eines Fahrzeuges jedoch zunehmend attraktiver. Ziel hierbei ist es, eine prototypenfreie Entwicklung zu realisieren, um die Entwicklungskosten zu senken. Dennoch können die Simulationen nicht vollständig auf experimentelle Ergebnisse verzichten, da die angewendeten numerischen Methoden und deren Entwicklung anhand von Experimenten validiert und abgesichert werden müssen. Wie die numerischen Simulationen für die Optimierung des Außenspiegels genutzt werden können, soll anhand von Abbildung 1.2 erläutert werden.

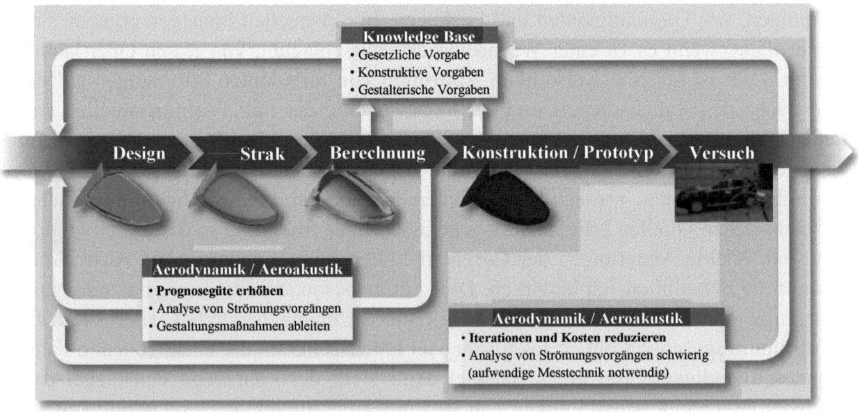

Abbildung 1.2: Schematischer Entwicklungsprozess eines Fahrzeugaußenspiegels

Dargestellt ist ein schematischer Entwicklungsprozess eines Außenspiegels. Ausgehend von gesetzlichen Vorgaben für Außenspiegel und bereits erarbeitetem Knowhow bezüglich gestalterischer und konstruktiver Vorgaben wird ein erstes Design des Außenspiegels erstellt. Anschließend wird das Design durch das sogenannte Straken in eine erste Geometrie umgesetzt. Mit der Kenntnis dieser Geometrie lassen sich bereits numerische Untersuchungen durchführen und Strömungsvorgänge analysieren. Anschließend lassen sich Gestaltungsmaßnahmen für eine erste Optimierungsschleife ableiten. Parallel kann der Außenspiegel konstruiert und ein entsprechender Prototyp aufgebaut werden, welcher dann im Aeroakustik-Windkanal gemessen und bewertet werden kann. Der Aufbau von Prototypen und die Windkanalmessungen verursachen hohe Kosten sowie einen großen zeitlichen Aufwand. Zudem ist die messtechnische Analyse bestimmter Strömungsvorgänge begrenzt, weshalb es oft schwierig ist, Ursachen für eine erhöhte Lärmemission zu identifizieren und entsprechende Gestaltungsmaßnahmen abzuleiten. Ein Vorteil der numerischen Simulationen ist es, die Anzahl von Experimenten zu reduzieren und wenige Versuche für die Validierung der Berechnungen zu nutzen. Weiterhin ist eine genaue Analyse der Strömungsvorgänge möglich. Dies stellt einen wesentlichen Beitrag zur virtuellen Fahrzeugentwicklung dar und ermöglicht es, die Anzahl von Optimierungsschleifen signifikant zu steigern und schon in der frühen Phase des Produktentstehungsprozesses umfassende Bewertungen verschiedener Spiegelvarianten zur Verfügung zu stellen.

In der Praxis gibt es viele weitere Aspekte, die bei der Entwicklung eines Außenspiegels berücksichtigt werden müssen. Neben der Aeroakustik und dem Design müssen zudem die Aerodynamik und die Seitenscheibenverschmutzung, welche hauptsächlich durch den Außenspiegel getrieben wird, berücksichtigt und ebenso optimiert werden. Damit wird die Optimierung eines Außenspiegels unter Berücksichtigung aller Disziplinen sehr komplex. Es macht sich daher umso mehr bezahlt, dass mit Hilfe der virtuellen Methoden verschiedene Spiegelvarianten schon in der frühen Phase umfassend bewertet und abgestimmt werden können. Die bei Volkswagen verwendeten numerischen Methoden für die aeroakustische Bewertung und Optimierung von Außenspiegeln werden im folgenden Kapitel anschaulich am Beispiel des neuen Volkswagen Polo vorgestellt. Dieser ist seit Oktober 2017 auf dem europäischen Markt verfügbar.

2. Numerische Methoden

Grundlage für die numerischen Untersuchungen der Außenspiegelaeroakustik bilden Strömungssimulationen am Gesamtfahrzeug. In Abbildung 2.1 ist die Umströmung des bereits gezeigten Berechnungsmodells des Volkswagen Polo anhand von Stromlinien exemplarisch gezeigt. Für die mathematische Beschreibung einer Strömung werden üblicherweise die Navier-Stokes-Gleichungen herangezogen. Diese stellen ein Gleichungssystem, bestehend aus Kontinuitäts-, Impuls-, und Energiegleichung dar. Durch eine geeignete Diskretisierung dieser Erhaltungsgleichungen, beispielsweise mit Hilfe der Finite-Volumen-Methode (FVM), können die Gleichungen auf einem entsprechenden Rechengitter und unter Vorgabe von Randbedingungen numerisch ge-

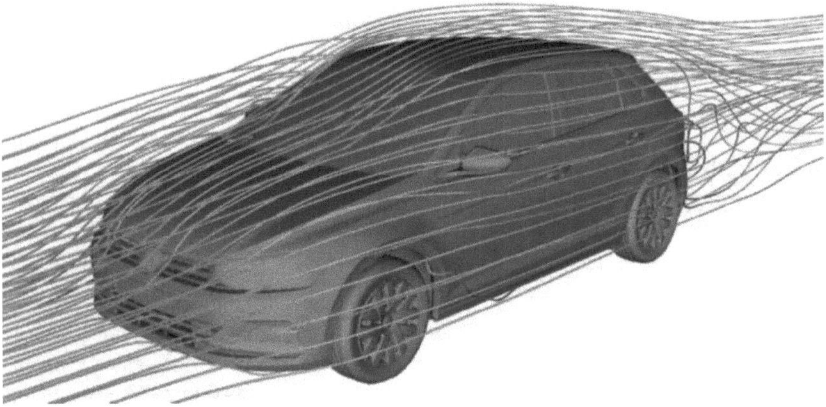

Abbildung 2.1: Berechnete Stromlinien einer stationären CFD-Simulation am Volkswagen Polo bei einer Anströmgeschwindigkeit von 100km/h

löst werden. Zusammenfassend spricht man hier auch von CFD-Simulationen (Computational Fluid Dynamics). Zur Reduzierung des Rechenaufwandes lassen sich die Navier-Stokes-Gleichungen vielfach vereinfachen. Dies hängt allerdings von der geforderten Genauigkeit der gewünschten Lösung ab. Das größte Problem stellt in der Regel die Abbildung von Turbulenz dar. Um auch die kleinsten turbulenten Wirbelstrukturen abbilden zu können, muss das Rechengitter dafür sehr fein aufgelöst werden. Die Simulation eines Gesamtfahrzeuges mit einem solch feinen Rechengitter ist aufgrund des extrem hohen Rechenaufwandes und Speicherbedarfs im industriellen Umfeld nicht realisierbar. Man greift deshalb auf Turbulenzmodelle zurück, welche den Einfluss der Turbulenz auf die Strömung modellieren. Dadurch kann der Rechenaufwand erheblich verringert werden. Eine ähnliche Herausforderung existiert auch bei der simulativen Abbildung der Aeroakustik. Für eine direkte Aeroakustiksimulation müssen die kompressiblen Navier-Stokes-Gleichungen gelöst werden, um die akustischen Drücke und deren Ausbreitung abbilden zu können. Derartige Simulationen sind im industriellen Umfeld jedoch nicht zielführend. Ausgehend von dem in Abbildung 1.1 gezeigten Berechnungsmodell werden daher inkompressible Strömungssimulationen durchgeführt, anhand deren Rückschlüsse auf die Aeroakustik möglich sind. Man behilft sich hier mit den in Kapitel 1.1 genannten Näherungsmodellen und akustischen Analogien. Dies hat zudem den Vorteil, dass einzelne Bauteile getrennt voneinander betrachtet und optimiert werden können.

In der virtuellen Absicherung bei Volkswagen werden hinsichtlich der Aeroakustik folgende Aspekte berücksichtigt:

- **Grundrauschen** (verursacht durch den turbulenten Spiegelnachlauf)
- **Schallabstrahlung** (Schallabstrahlung von der Spiegeloberfläche durch die Seitenscheibe in den Innenraum des Fahrzeugs)
- **Spiegelpfeifen** (tonale Resonanzeffekte durch laminare Ablösung auf der Spiegelkontur)

2.1 Grundrauschen

Mit Hilfe einfacher stationärer Strömungssimulationen lassen sich bereits grundlegende Aussagen zum Niveau des Grundrauschens treffen. Ziel ist es, den Einfluss

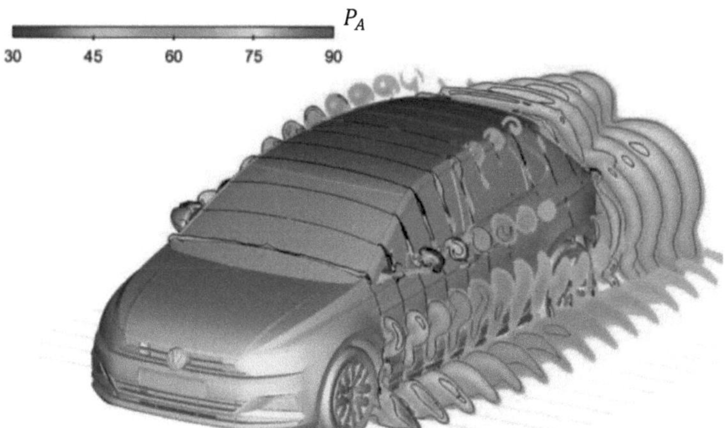

Abbildung 2.2: Verteilung des Schallintensitätsindex P_A in der Fahrzeugumströmung

durch das Auftreffen des turbulenten Spiegelnachlaufs auf die Seitenscheibe zu erfassen. Dazu werden sogenannte RANS-Simulationen (Reynolds-Averaged-Navier-Stokes) durchgeführt, bei denen der mittlere Einfluss der Turbulenz mit Hilfe eines Turbulenzmodells erfasst wird. Da bei dieser Art der Turbulenzmodellierung die zeitliche Auflösung der Turbulenz durch eine zeitliche Mittelung eliminiert wird, können die Wechseldrücke des turbulenten Spiegelnachlaufes beim Auftreffen auf die Seitenscheibe nur indirekt bestimmt werden. Von (Proudman 1952) und (Lilley 1994) wird dafür eine entsprechende Methode vorgeschlagen, mit der ein Schallintensitätsindex P_A mit den berechneten Größen des Turbulenzmodells bestimmt werden kann. Dieser Schallintensitätsindex lässt sich dann in jeder Zelle des Strömungsgebietes berechnen, wie in Abbildung 2.2 gezeigt. Es ist ersichtlich, dass die Bereiche mit großer Turbulenz, wie der Spiegelnachlauf, die Umströmung der A-Säule und die Durchströmung des vorderen Radhauses einen erhöhten Schallintensitätsindex aufweisen. Von besonderem Interesse ist jedoch die Verteilung des Index vor der Seitenscheibe. Addiert man alle Werte des Schallindex für jede Zellfläche, welche die Seitenscheibe im Berechnungsmodell abbildet, erhält man einen gemittelten Schallintensitätsindex $\bar{P}_A$. Je mehr Turbulenz der turbulenten Nachlaufströmung des Außenspiegels und der A-Säule nun auf die Seitenscheibe trifft, desto höher wird demnach der Index ausfallen. Der Schallintensitätsindex stellt keinen Absolutwert für den tatsächlichen Schallpegel dar. Dennoch kann dieser als ein Maß für die Größe des zu erwartenden Geräuschpegels infolge der Spiegelumströmung angesehen werden. Derartige Simulationen überzeugen vor allem durch den verhältnismäßig geringen Rechenaufwand. Dadurch eignen sie sich sehr gut zur Bewertung unterschiedlicher Spiegelpositionen. Da der Schallintensitätsindex vor der Seitenscheibe maßgeblich von der Posi-

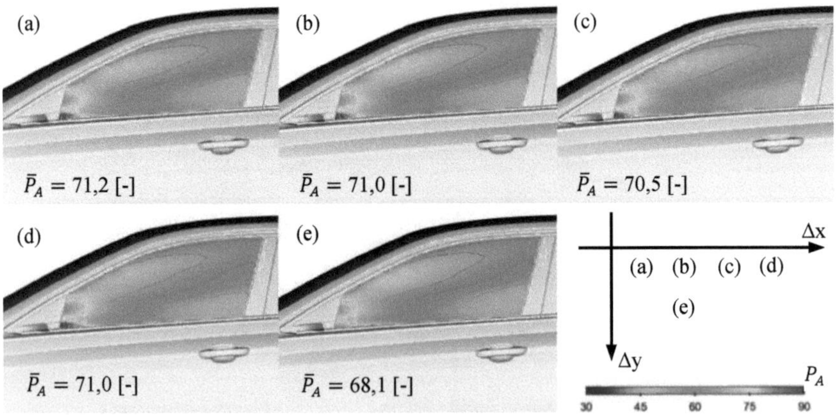

Abbildung 2.3: Optimierung der Spiegelposition mit Hilfe des Schallintensitätsindex

tion des Außenspiegels abhängt, werden diese Simulationen vorrangig für die Optimierung der Spiegelposition genutzt. Dazu wird ein Raum vorgegeben in dem sich der Spiegel bewegen darf und diejenige Position mit dem geringsten Schallintensitätsindex ermittelt. In Abbildung 2.3 ist diese Optimierung beispielhaft gezeigt. Man erkennt, dass der Index ausgehend von der Position (a) bei einer Verschiebung stromab in positive x-Richtung entlang der Positionen (b) und (c) stetig kleiner wird, bevor dieser an der Position (d) wieder ansteigt. Eine Verschiebung aus der Ebene heraus in positive y-Richtung (von der Seitenscheibe weg) hin zu Position (e) bewirkt hier den größten Abfall des Schallintensitätsindex, da der Spiegelnachlauf entsprechend von der Seitenscheibe wegbewegt wird.

2.2 Schallabstrahlung

Für die Prognose des vom Spiegel abgestrahlten Schalls in den Fahrzeuginnenraum sind hingegen instationäre Strömungssimulationen notwendig, um die zeitabhängigen Wechseldrücke auf der Oberfläche des Außenspiegels zu erfassen. Es hat sich gezeigt, dass gerade diese hydrodynamischen Druckfluktuationen maßgebend für den aeroakustisch erzeugten Schall im Innenraum sind. Um eine gute Auflösung dieser Druckfluktuation zu erhalten, reichen hierfür einfache instationäre RANS-Simulationen nicht aus, da gerade die Wirbelstrukturen der Turbulenz von entscheidender Bedeutung für die resultierenden Wechseldrücke auf der Spiegeloberfläche sind. Anstelle dessen wird eine Turbulenzmodellierung verwendet, welche diejenigen Wirbelstrukturen, die durch die vorhandene Auflösung des Rechengitters räumlich abgebildet werden können, direkt berechnet. Alle turbulenten Strukturen die kleiner sind werden weiterhin modelliert. Durch diese komplexere Modellierung (Improved Delayed Detached Eddy Simulation, kurz IDDES) wird der Rechenaufwand zwar erhöht, allerdings kann die Prognosegüte der Wechseldrücke dadurch erheblich gesteigert werden. In Abbildung 2.4 ist eine Verteilung der spektralen Leistungsdichte, kurz PSD (Power

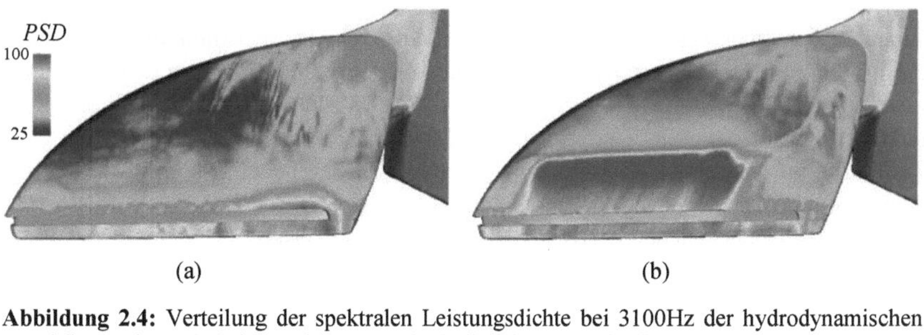

Abbildung 2.4: Verteilung der spektralen Leistungsdichte bei 3100Hz der hydrodynamischen Druckfluktuationen bei einer Fahrzeuggeschwindigkeit von 140km/h

Spectral Density), von zwei Außenspiegelvarianten (a) und (b) des Volkswagen Polo für eine Frequenz von 3100Hz gezeigt. Bei der Variante (a) handelt es sich um einen bereits akustisch optimierten Außenspiegel, welcher allerdings nicht robust gegen aeroakustische Resonanzeffekte ist, wie in Abschnitt 2.3 gezeigt wird. Variante (b) enthält daher eine geometrische Modifikation, um diesen Resonanzeffekten vorzubeugen. Es sollte anschließend überprüft werden, ob sich diese Modifikation negativ auf den Schallpegel im Innenraum auswirkt. Die spektrale Leistungsdichte stellt ein Maß für die Intensität der hydrodynamischen Wechseldrücke dar, welche allein durch die Spiegelumströmung verursacht werden. Man kann erkennen, dass die Leistungsdichte durch die Modifikation des Spiegels (b) im Vergleich zu (a) deutlich erhöht ist. Das

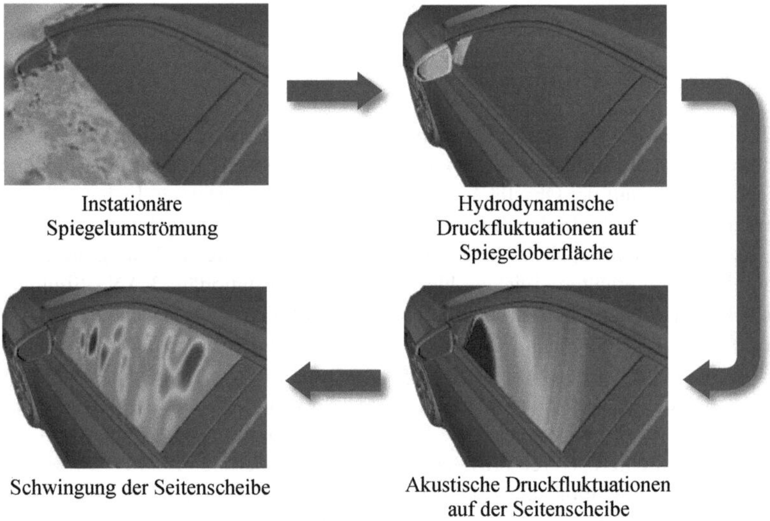

Abbildung 2.5: Simulationsprozess für die Bestimmung des Schalldruckpegels im Innenraum

bedeutet, dass hier vermehrt Wechseldrücke auftreten. Diese Erhöhung muss allerdings nicht bedeuten, dass auch der vom Spiegel abgestrahlte Schall in den Fahrzeuginnenraum im gleichen Maße erhöht wird, da die Wechseldrücke, welche eine Impulsquelle repräsentieren, eine ausgeprägte Richtcharakteristik besitzen. Wird eine Zellfläche auf der Spiegeloberfläche mit Wechseldrücken beaufschlagt, lässt sich mit dem Kirchhoff-Integral bestimmen, ob und wie viel Schall tatsächlich von den Wechseldrucken ausgeht. Diese akustische Analogie ist eine Lösung der homogenen Wellengleichung, welche von den Schallwellen erfüllt werden muss. Somit werden für die Schallabstrahlung nur diejenigen Wechseldrücke gefiltert, welche auch eine Lösung der Wellengleichung sind. Dadurch lässt sich der abgestrahlte Schall von allen Zellflächen des Rechennetzes, welche die Spiegeloberfläche repräsentieren (Sender), zu den Zellflächen der Seitenscheibe (Empfänger) berechnen. Damit sind diejenigen Druckfluktuation, welche durch die Akustik erzeugt werden, auf der Seitenscheibe bekannt. Ähnlich zu den Antriebs- und Abrollgeräuschen, bei denen sich Vibrationen in Form von Körperschall durch die Karosseriestruktur in den Innenraum ausbreiten können, regen auch die vom Außenspiegel abgestrahlten Schallwellen die Struktur der Seitenscheibe zu Schwingungen an, welche dann in den Innenraum übertragen werden. Man spricht in diesem Fall von Vibroakustik. Dieser Simulationsprozess ist anschaulich in Abbildung 2.5 gezeigt. Mit Hilfe der Statistischen Energie Analyse (SEA) lassen sich dann die Scheibenschwingungen in einen Schalldruckpegel, kurz SPL (Sound Pressure Level), im Innenraum des Fahrzeuges umsetzen. Die resultierenden Terzspektren im Innenraum für die Spiegelvarianten (a) und (b) sind in Abbildung 2.6

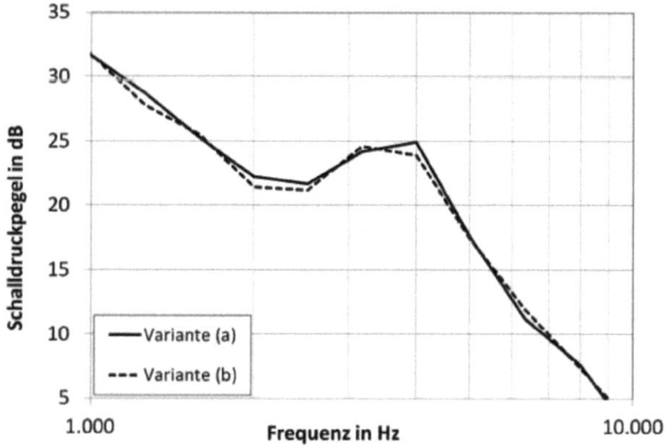

Abbildung 2.6: Terzspektrum des Schalldruckpegels nach der SEA im Fahrzeuginnenraum

gezeigt. Es zeigt sich, dass die Erhöhung der Wechseldrücke auf der Spiegeloberfläche durch die Modifikation in Variante (b) aufgrund der Richtcharakteristik keinen signifikanten Einfluss auf den Schallpegel im Innenraum nach sich zieht.

2.3 Spiegelpfeifen

Ein Effekt, der mit den zuvor dargestellten Turbulenzmodellierungen nicht abgebildet werden kann, sind laminare Strömungsablösungen, welche zu aeroakustischen Resonanzphänomenen führen können. Die vorherigen Simulationen treffen die Annahme, dass die Umströmung des Spiegels vollständig turbulent erfolgt. Dies muss jedoch nicht immer der Fall sein. Im Allgemeinen ist die Grenzschicht, welche sich in der wandnahen Strömung auf der Spiegeloberfläche ausbildet zunächst laminar. Weiter stromab können zunächst periodische Instabilitäten in der Grenzschicht angefacht werden, wodurch es letztlich zur Transition von einer laminaren zu einer turbulenten Grenzschicht kommt. Turbulente Grenzschichten zeichnen sich durch einen erhöhten Impulsaustausch aus. Sie sind dadurch energiereicher als laminare Grenzschichten und können größere Druckgradienten infolge von Krümmungen der Außenspiegelkontur ertragen, ohne von der Oberfläche abzulösen. Die Ablösung einer laminaren Grenzschicht auf der Spiegelkontur muss in jedem Fall vermieden werden, da in der entstehenden Scherschicht periodische Instabilitäten stark angefacht werden und beim Überströmen scharfer Radien, wie sie beispielsweise an der Hinterkante oder der Wassernut des Spiegels existieren, ebenso periodische Schallwellen erzeugen. Da sich die Schallwellen mit Schallgeschwindigkeit fortbewegen, können sich diese auch entgegen der Strömungsrichtung ausbreiten und im Bereich des Ablösepunktes die periodischen Instabilitäten gleicher Frequenz weiter anfachen. Dieser sogenannte Feedback-Mechanismus führt dann zur Resonanz, weshalb

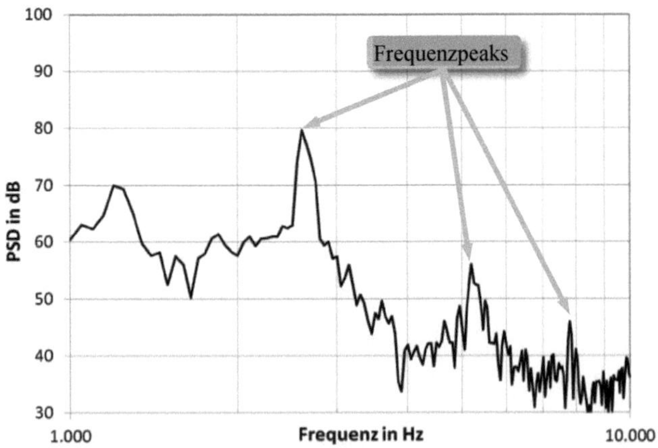

Abbildung 2.7: Frequenzspektrum der PSD bei Spiegelpfeifen

einzelne diskrete Frequenzen stark angefacht werden können. Ein beispielhaftes Frequenzspektrum dieses Phänomens ist in Abbildung 2.7 gezeigt. Man kann deutlich erkennen, dass die resultierenden Frequenzpeaks bis zu 20dB größer sein können, als der entsprechende Schalldruckpegel des Grundrauschens. Diese tonalen Resonanzeffekte müssen daher unbedingt vermieden werden und sollten frühzeitig erkannt werden, um teure Änderungen der Geometrie im fortgeschrittenen Entwicklungsprozess zu vermeiden. Um die damit einhergehende hohe Prognosegüte zu gewährleisten, werden bei Volkswagen zusätzlich RANS-Simulationen durchgeführt, welche mit Hilfe eines Transitionsmodells in der Lage sind, neben den turbulenten Strömungsablösungen auch laminare Ablösungen abzubilden. Ein Ergebnis dieser Simulationen ist für die Spiegelvarianten (a) und (b) in Abbildung 2.8 gezeigt. Dargestellt ist in beiden Fällen die Verteilung der Wandschubspannung τ_w auf der Spiegeloberfläche bei 100km/h. Eine negative Wandschubspannung (blau) bedeutet, dass hier die Strömung anliegt. Ist die Wandschubspannung Null (grün), repräsentiert dies den Ablösepunkt beziehungsweise die Ablöselinie der Grenzschicht. Eine positive Wandschubspannung (gelb) deutet entsprechend auf eine Rückströmung hin. Die Spiegelvariante (a) zeigt deutlich eine Ablösung auf der Spiegelkappe. Im nächsten Schritt muss geprüft werden, ob es sich um eine laminare oder turbulente Ablösung der Grenzschicht handelt. Dazu ist in Abbildung 2.9 eine Schnittebene vertikal durch den Spiegel dargestellt, welche die turbulente kinetische Energie k in der Strömung zeigt. Betrachtet man nun das Ablösegebiet genauer lässt sich erkennen, dass es sich bei Variante (a) um eine laminare Ablösung handelt, da die Grenzschicht hinter der Ablöselinie noch laminar ist. Es kommt erst später zum laminar-turbulenten Umschlag in der Grenzschicht. Dieser Punkt wird auch Transitionslage genannt. Danach ist die abgelöste Grenzschicht turbulent. Eine solche Strömung ist für die

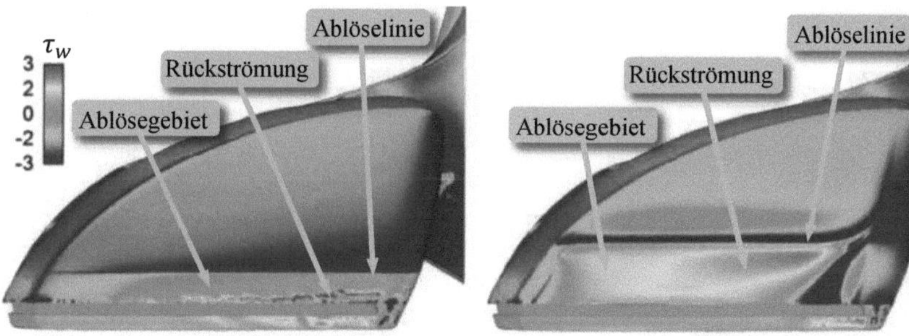

(a) (b)

Abbildung 2.8: Verteilung der Wandschubspannung τ_w auf der Spiegelkappe bei 100km/h

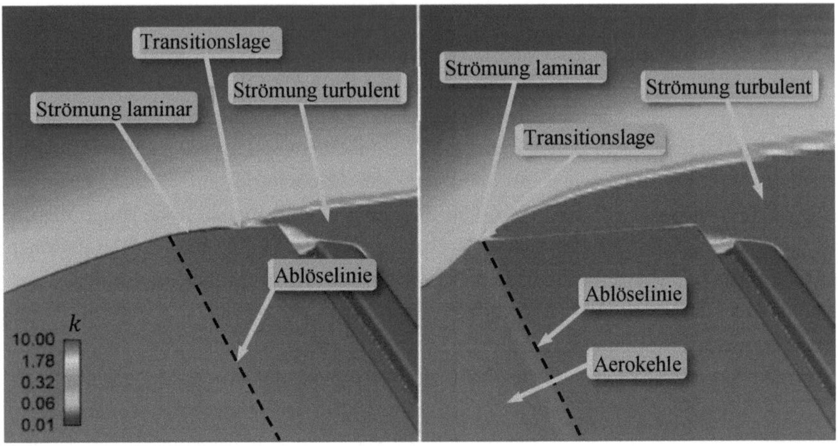

(a) (b)

Abbildung 2.9: Verteilung der turbulenten kinetischen Energie k in der wandnahen Strömung bei 100km/h

tonalen Resonanzeffekte als kritisch einzustufen und es wird somit ein hohes Risiko für Spiegelpfeifen prognostiziert. Bei Variante (b) ist ebenfalls eine Ablösung der Grenzschicht in veränderter Form zu erkennen. Allerdings zeigt sich hier, dass die Grenzschichtströmung bereits unmittelbar an der Ablöselinie turbulent umschlägt und hier von einer turbulenten Grenzschichtablösung gesprochen werden kann. Diese ist hinsichtlich der Resonanzeffekte als unkritisch einzustufen. Durch das Einbringen einer „Aerokehle" in (b) ist der aeroakustisch optimierte Außenspiegel (a) nun robust gegen die aeroakustischen Resonanzeffekte, ohne den Schalldruckpegel im Fahrzeuginnenraum zu erhöhen.

3. Zusammenfassung und Danksagung

Bei der Aeroakustik von Straßenfahrzeugen gewinnen die Windgeräusche mit steigender Geschwindigkeit immer mehr an Bedeutung. Zudem gerät die Aeroakustik durch die stetige Elektrifizierung der Antriebe auch bei geringeren Geschwindigkeiten immer mehr in den Fokus. Eine der wesentlichsten aeroakustischen Geräuschquellen stellt der Fahrzeugaußenspiegel dar, welcher sich zudem in direkter Nähe zum Fahrer befindet. Die Windgeräusche können gerade bei längeren Fahrstrecken die Konzentration des Fahrers und somit Sicherheit der Fahrzeuginsassen beeinträchtigen. Daher wird stets eine Minimierung des Geräuschpegels angestrebt. Es kann gezeigt werden, dass durch eine inzwischen hohe Prognosegüte der virtuellen Methoden in der Aeroakustik eine umfassende und kosteneffiziente Bewertung von verschiedenen Außenspiegelvarianten in der frühen Entwicklungsphase realisiert werden kann. Dadurch lässt sich die Anzahl an umsetzbaren Optimierungsschleifen erheblich erhöhen. Aufgrund des komplexen Entwicklungsprozesses eines Außenspiegels ergibt sich durch die frühe aeroakustische Bewertung zudem der Vorteil, dass die Aeroakustik frühzeitig mit dem Design und der Aerodynamik abgestimmt werden kann. Für die virtuelle Absicherung der Aeroakustik werden bei Volkswagen im Wesentlichen drei Simulationsmethodiken angewendet. Dies sind die Prognose des Grundrauschens infolge der A-Säulenumströmung und des turbulenten Spiegelnachlaufes, die Schallabstrahlung infolge von hydrodynamischen Wechseldrücken auf der Spiegeloberfläche und deren Übertragung in den Fahrzeuginnenraum sowie eine Prognose von Spiegelpfeifen. Die einzelnen Methodiken werden anschaulich am Beispiel des neuen Volkswagen Polo vorgestellt und diskutiert.

Die gezeigten Simulationsergebnisse sind in Zusammenarbeit mit den Disziplinen Berechnung Aeroakustik, Messung Aeroakustik, Berechnung und Messung Aerodynamik, Konstruktion, Methodenentwicklung sowie der Konzernforschung der Volkswagen AG entstanden und werden stellvertretend durch die genannten Autoren vorgestellt.

Literaturverzeichnis

Helfer, Martin (2005): General Aspects of Vehicle Aeroacoustics. Lecture Series "Road Vehicle Aerodynamics". Von Karman Institute. Rhode-St.-Genèse, Belgien, 30.05.2005.

Lilley, Geoffrey M. (1994): The radiated noise from isotropic turbulence. In: *Theoret. Comput. Fluid Dynamics* 6 (5-6), S. 281–301. DOI: 10.1007/BF00311842.

Proudman, Ian (1952): The Generation of Noise by Isotropic Turbulence. In: *Proceedings of the Royal Society A: Mathematical, Physical and Engineering Sciences* 214 (1116), S. 119–132. DOI: 10.1098/rspa.1952.0154.

Schütz, Thomas (2013): Hucho - Aerodynamik des Automobils. Wiesbaden: Springer Fachmedien Wiesbaden.

Betriebsfestigkeit: Vor- und Nachteile der Schädigungssimulation

Dr. Roland Krivachy; Petar Baruncic; Christoph Lange

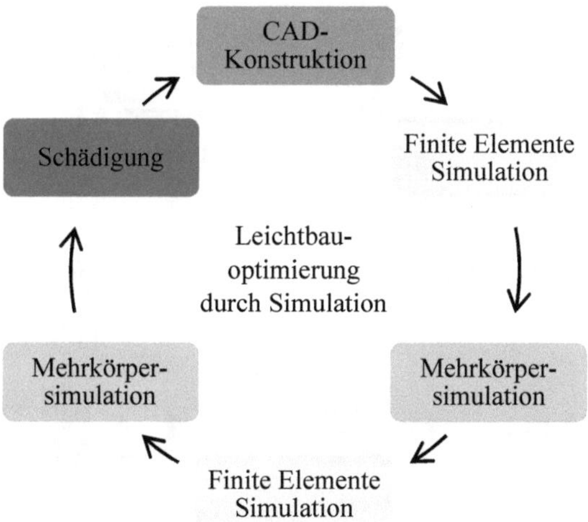

Motivation

Bei MAN Truck & Bus AG gibt es diverse Omnibusse in einer zahlreichen Varianz. Somit kann für jeden Einsatz ein passender Omnibus gefunden werden, da es im Produktportfolio verschiedene Fahrzeugtypen gibt:

- Reisebusse
- Überlandbusse
- Stadtbusse

Jeden Typ kann es dann noch mit zwei oder drei Achsen geben. Aufgrund der höheren Fußbodenhöhe für Passagiere bei den Reisebussen sind Fahrzeuggerippe mit oder ohne Ausschnitt für den Lift zu unterscheiden. Stadtbusse gibt es mit oder ohne Drehgelenk. Sie sind aktuell mit Diesel- CNG- und Hybridantrieb erhältlich, in Zukunft auch mit reinem Elektroantrieb. Des Weiteren werden einzelne Fahrzeugtypen als Links- oder Rechtslenker sowie mit unterschiedlichen Radständen angeboten (siehe Abbildung 1).

Abbildung 1: Auszug aus Produktportfolio MAN Busse: Reisebusse, Überlandbusse, Stadtbusse; Diesel- bzw. CNG Antrieb; mit / ohne Drehgelenk; 2- und 3-Achser; mit / ohne Lift

Die in Frage kommenden Konstruktionskonzepte müssen frühzeitig hinsichtlich der Betriebsfestigkeit bewertet werden und dabei die hohen Anforderungen der MAN erfüllen. Dabei steht die Sicherheit der Passagiere an erster Stelle. Aufgrund der Stückzahlen erfolgt keine Großserienfertigung. Aktuell wird der finale Nachweis der Betriebsfestigkeit durch den Versuch in einer Rüttelerprobung am Gesamtfahrzeug geführt. Wegen des steigenden Kosten- und Zeitdrucks in der Entwicklung soll die Anzahl Erprobungsfahrzeuge reduziert werden und die Betriebsfestigkeitsfreigabe durch eine virtuelle Freigabe erfolgen. Des Weiteren ist es zielführend, die komplette Varianz aufgrund der verschiedenen Fahrzeugtypen virtuell abzusichern.

Vorgehen

Die finale Betriebsfestigkeitsfreigabe erfolgt durch Befahren unterschiedlicher Abschnitte (z.B. Belgisch Block, versetzter Sinus, schlechte Bundesstraße, ...) auf der MAN-eigenen Teststrecke (siehe Abbildung 2) über eine vorgegebene Distanz mit unterschiedlichen Beladungszuständen. Die Überfahrt eines einzelnen Abschnitts dauert von einigen wenigen bis zu ca. 30 Sekunden.

Abbildung 2: MAN Truck & Bus AG eigene Versuchsstrecke mit verschiedenen Teststreckenabschnitten (z.B. Einzelhindernis, Sinus, schlechte Autobahn, ...) [1]

Das System der virtuellen Freigabe muss zuerst durch den Abgleich eines Basismodells kalibriert werden. Der gleiche Vorgang erfolgt beim Einsatz von neuen Materialien. Sobald dies passiert ist, besteht der Vorteil der virtuellen Freigabe darin, dass Konstruktionsänderungen wie Längen- oder Massenänderungen virtuell abgesichert werden können. Somit ist ein deutlicher Ersparnisfaktor bei Zeit und Kosten möglich. Die virtuelle Betriebsfestigkeitsfreigabe kann einerseits auf einer linear virtuellen Betrachtung oder durch mehrere interdisziplinär miteinander verbundene Simulationsdisziplinen erfolgen. Auf Basis der notwendigerweise vorliegenden Konstruktionsdaten (CAD) des Busgerippes wird in beiden Fällen das Finite Elemente-Modell (FEM) abgeleitet (siehe Abbildung 3). Ein solches FE-Modell kann bis zu 5 Mio. Elemente und Knoten enthalten (30 Mio. Freiheitsgrade). Dieses FE-Modell dient als Basis aller weiteren Simulationsdisziplinen.

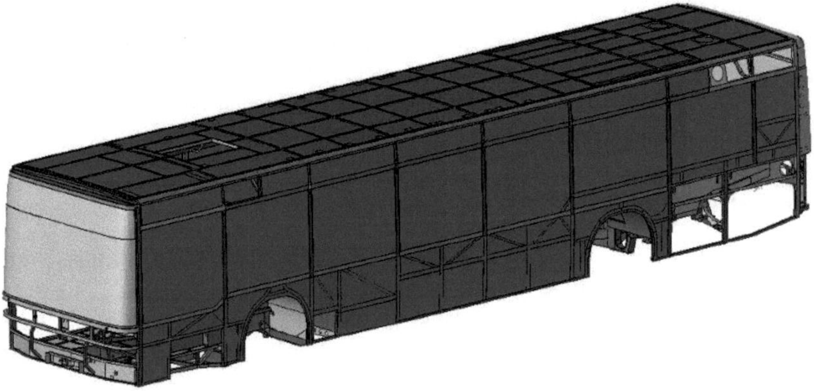

Abbildung 3: Verwendetes Finite Elemente-Modell (FEM) eines Stadtbusses inklusive Scheiben, Seitenbeblechung und Dachabdeckung

Bei der linearen Betrachtungsweise können auf Basis von abgeleiteten statischen Ersatzlastfällen Aussagen bezüglich der Betriebsfestigkeit getroffen werden (siehe Abbildung 4). Eine zusätzliche Möglichkeit ist die Identifikation der kritischen Eigenfrequenzen. Anschließend wird dann eine Spannungsanalyse mit einer harmonischen Anregung mit konstanter Frequenz durchgeführt. In beiden Fällen sind für eine Freigabe zulässige Grenzwerte notwendig (z.B. maximal zulässige Spannungen auf Basis von Erfahrungswerten). Insbesondere im ersten Fall der linearen Simulationen sind aber die Möglichkeiten der simulativen Auslegung bei leichtbauoptimierten Gerippe-Konstruktionen erreicht. Folglich ist eine andersartige Vorgehensweise für die virtuelle Absicherung notwendig.

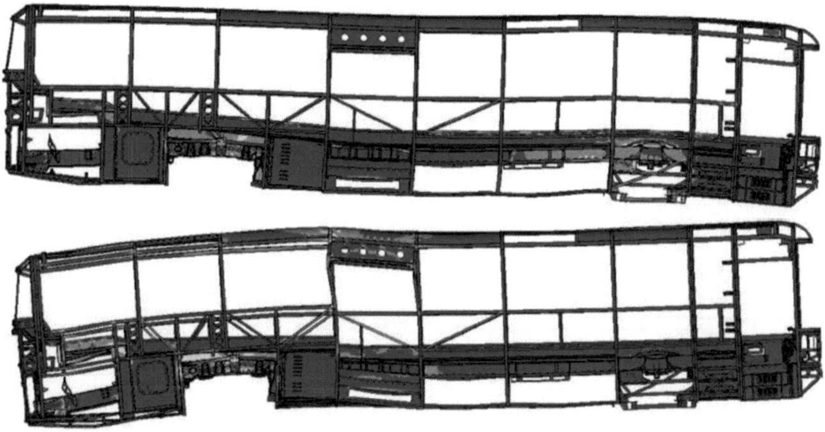

Abbildung 4: Beispielhafte überhöhte Verformungsdarstellung linear statischer Einheitslastfälle des Busgerippes: Bremsen (oben) und Vertikalstoß Hinterachse (unten)

Eine weitere Möglichkeit ist, eine Simulationsdurchführung mit Betrachtung der nichtlinearen Effekte als auch im Zeitbereich. Dynamische Simulationen im Zeitbereich von Sekunden sind mit solch großen Modellen mit der aktuellen Computerhardware aufgrund der dafür notwendigen langen Rechenzeit nur sehr schwer realisierbar. Somit müssen die Freiheitsgrade unter Berücksichtigung der korrekten Massen- sowie Steifigkeitseigenschaften reduziert werden. Dafür bietet sich die Methode der Superelement-Erzeugung an. In diesem Fall wird dabei die Methode nach Craig-Bampton mit modalen Moden sowie statischen Ansatzvektoren [2] verwendet. Durch die modalen Moden wird die großflächige, globale und durch die statischen Einheitslastfälle die einzelne, lokale Steifigkeit des Busgerippes berücksichtigt. Das erzeugte Superelement mit nur noch ca. 1000 Freiheitsgraden wird der Mehrkörpersimulation (MKS) als FBI-Datei (Flexible Body Interface) zur Verfügung gestellt. Somit kann in der abgesicherten virtuellen Lastermittlung der MKS eine elastische Verformung des Busgerippes auf der Teststrecke durch die lineare Überlagerung der modalen Moden sowie der statischen Einheitslastfälle berücksichtigt werden. In der MKS werden des Weiteren das nichtlineare Fahrwerk inklusive Reifen sowie die eingescannte Rüttelstrecke virtuell abgebildet.

Zur Berechnung der jeweiligen Spannungen an den einzelnen Elementen des ursprünglichen FE-Modells ist eine Expansion der vorher reduzierten Freiheitsgrade des Superelements auf alle Freiheitsgrade des FE-Modells notwendig. Dazu werden die auftretenden Spannungen sowohl bei den lokalen als auch den modalen Einheitslastfällen mit der FEM berechnet (Einheitslastfälle irm und Einheitslastfälle mod). Die jeweilige Superpositionierung der Spannungen erfolgt in der MKS bei der Erstellung der Stress-

Datei. Für die Schädigungsauswertung ist eine Transformation der in der FE-Software vorliegenden Daten in ein schädigungssoftwarespezifisches Datenformat durch das Scratchen notwendig. Erst anschließend kann das Schädigungsergebnis erstellt werden (siehe Abbildung 5).

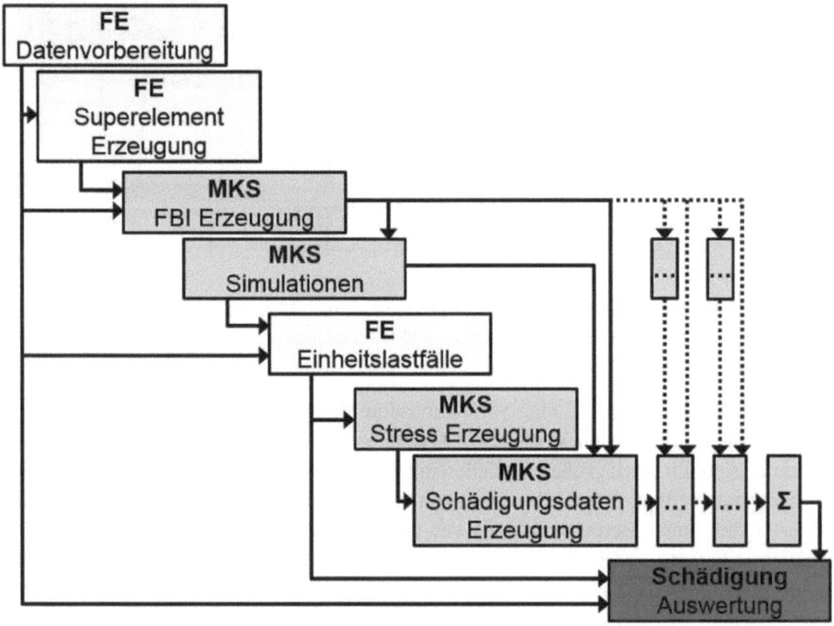

Abbildung 5: Prozessablauf der automatisierten Schädigungssimulation

Auf Basis der auftretenden elastischen Verformungen im Busgerippe kann die virtuelle Schädigung korrekt gemäß der auftretenden Belastungsart (schwellend, wechselnd, ...) an jeder Stelle lokal über das Verfahren der kritischen Schnittebene bestimmt werden. Durch die Zuweisung der jeweiligen materialspezifischen Schädigungsparameter wie die Wechselfestigkeit oder Wöhlerlinien bei geschweißten und ungeschweißten Bereichen der FE-Struktur wird der verwendete Materialmix in Bezug auf die Schädigung korrekt abgebildet (siehe Abbildung 6).

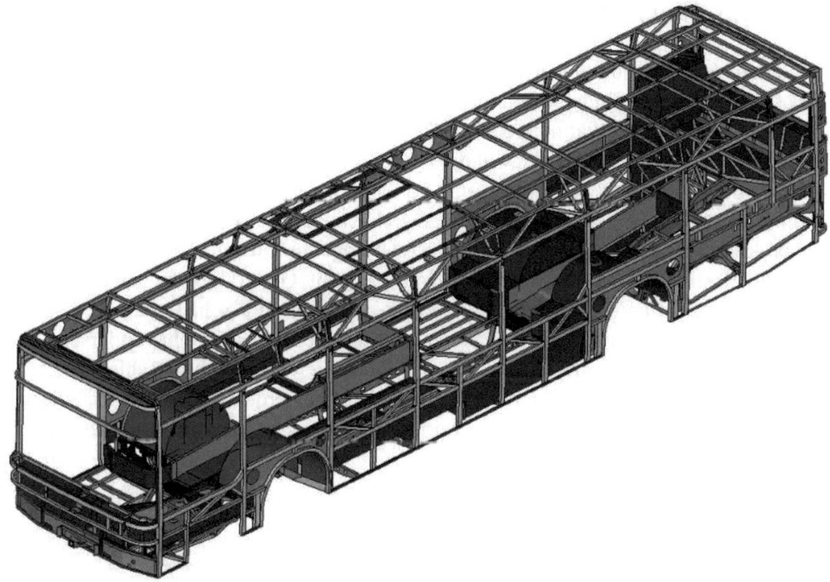

Abbildung 6: Darstellung des eingesetzten Materialmixes bei einem Stadtbusgerippe. Die jeweilige Farbe kennzeichnet einen Materialtyp.

Um Zeit einzusparen, wird dieser Prozess von der Konstruktions-CAD über die Ableitung des FE-Modells inklusive Einbeziehung der MKS, der FEM und der Ermittlung der Schädigung automatisiert. Sobald das FE-Modell vorliegt, müssen die notwendigen Eingabegrößen sowie Informationen über die erfolgreiche Fertigstellung in einem übergeordneten Prozess den beteiligten Softwareprogrammen zur Verfügung gestellt werden (z.B. bis zu welcher Frequenz sollen die modalen Moden berücksichtigt werden, an welchen Stellen sollen statische Einheitslastfälle berechnet werden, wo sind die Ergebnisdateien abgespeichert, ...). Zusätzlich wird die Möglichkeit der Parallelisierung von Arbeitsschritten genutzt. Aufgrund der Interaktion mehrerer Simulationsdisziplinen ist dieses Verfahren gegenüber der Standard FE-Berechnung mit statischen linearen Ersatzlastfällen aufwändiger. Aber aufgrund der gleichzeitigen Berücksichtigung von Schwingungen sowie nichtlinearen Effekten im Fahrwerk und der verschiedenen Belastungsarten sind die Aussagen hinsichtlich der Betriebsfestigkeit deutlich genauer.

Gerippe-Optimierungen auf Basis virtueller Freigabe

Wird ein neuer Fahrzeugtyp entwickelt, muss zuerst eine Basis geschaffen werden. Für eine ausgewählte Fahrzeugkonfiguration ist ein Ausgangspunkt sowohl in der Simulation als auch in der Realität notwendig. Für diese Konfiguration müssen in Bezug auf die relevanten Anforderungen sowohl die virtuelle als auch die reale Freigabe durchgeführt und die zulässigen Grenzwerte ermittelt werden, um die relevanten Kennwerte zu bestimmen und das System zu kalibrieren. Durch Kenntnisse der virtuellen Schädigung können konstruktive Maßnahmen unterstützend abgeleitet werden. Dabei wurden sowohl globale als auch lokale Optimierungen untersucht. Global können bei ausgewählten Seitenwandsäulen die Wandstärke erhöht werden, um die Schädigung zu reduzieren. Dies hat zur Folge, dass sich einerseits die Festigkeit erhöht, anderseits die auftretenden Schwingungsfrequenzen in einen günstigeren Bereich verschieben. Lokal können z.B. Anbindungen wie der Diagonale verbessert werden. Durch die zusätzlichen Ecken wurde sowohl eine bessere Schweißbarkeit als auch eine lokale Versteifung erreicht (siehe Abbildung 7).

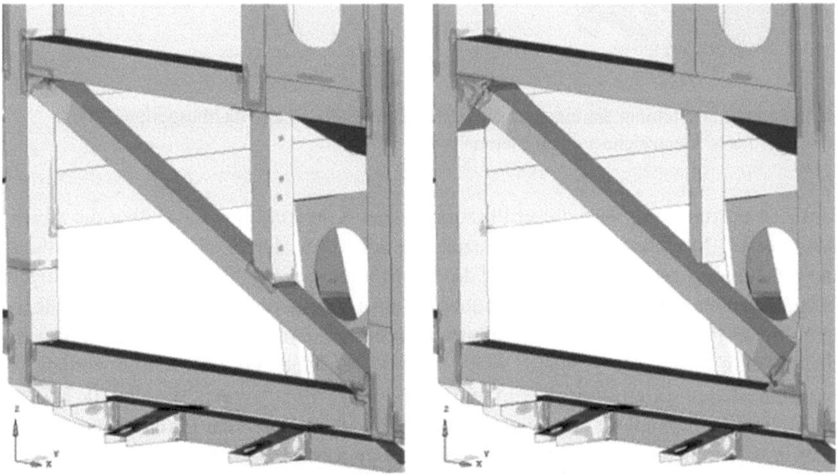

Abbildung 7: Simulativ ermittelte Schädigung: Ausgangsvariante (links) und optimierte Variante (rechts)

Vor- und Nachteile der Schädigungssimulation

Die Simulation bietet allgemein die Vorteile, dass diese sowohl unabhängig vom Ort als auch von wechselnden Umgebungsbedingungen durchgeführt werden können. Zusätzlich ist die Simulation reproduzierbar und es können an beliebigen Messstellen die gewünschten Kennwerte ermittelt werden. Die Schädigungssimulation bietet zusätzlich die Vorteile, dass auf Basis der virtuellen Schädigung frühzeitig im Projekt Optimierungspotential im Busgerippe aufgezeigt wird. Somit werden sowohl Zeit (frühere Absicherung) als auch Kosten (Reduzierung von Erprobungsfahrzeuge) eingespart. Des Weiteren können mehrere verschiedene konstruktive Konzepte zur Erreichung des Projektziels virtuell verfolgt werden. Bei vorliegenden Kenntnissen in Bezug auf einen Fahrzeugtyp können Varianten virtuell freigegeben werden. Allerdings hat dieser Prozess die Nachteile, dass die Ermittlung der virtuellen Schädigung gegenüber dem Verfahren der Standard FE-Berechnung zeitaufwändig ist und sehr spezielle Kenntnisse der Mitarbeiter bei verschiedenen Simulationsdisziplinen erfordert. Um den zeitlichen Nachteil gegenüber der Standard-FE-Berechnung etwas zu reduzieren, ist eine sehr leistungsfähigen Hardwareausstattung bei nahezu allen relevanten Komponenten (CPUs, RAM und HDDs) notwendig (siehe Abbildung 8).

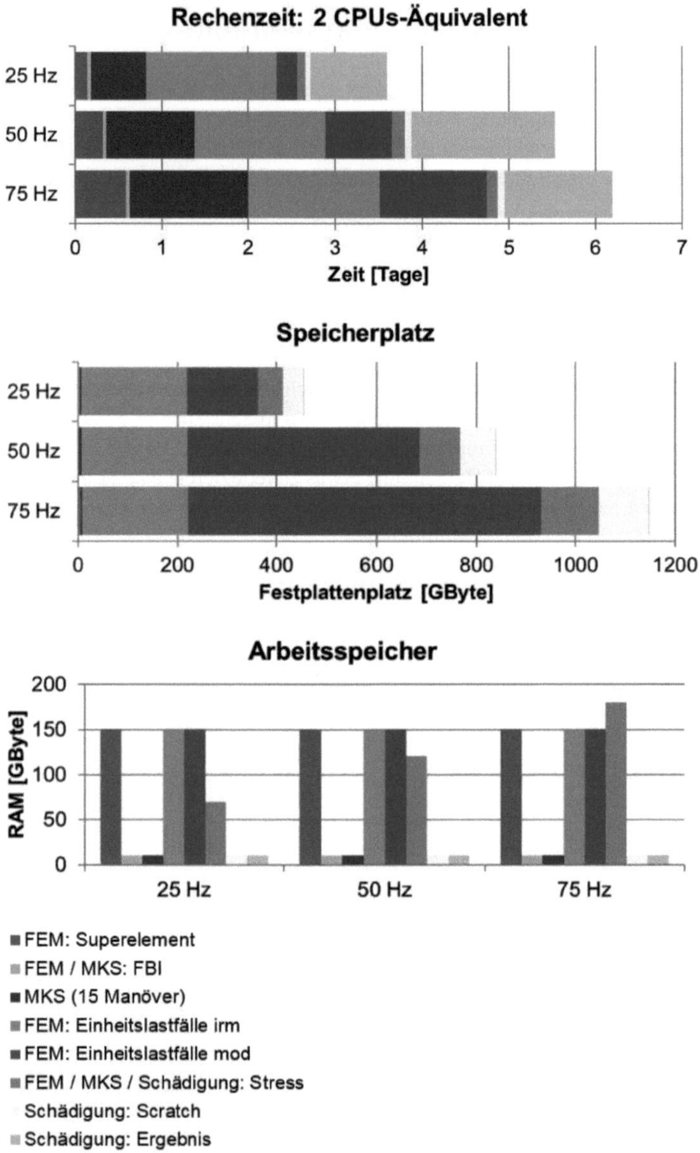

Abbildung 8: Benötigte Zeit und IT-Ressourcen für die interdisziplinäre Schädigungssimulation mit Aufteilung auf die jeweiligen Simulationsdisziplinen bei einem Stadtbus

Stadt- und Reisebusse unterscheiden sich aufgrund der verschiedenen konstruktiven Ausführung in der Anzahl der auftretenden Eigenmoden bis zu einer festgelegten Frequenz. Da der Reisebus sowohl einen Gepäckraum- als auch einen Fußboden für die Passagiere hat und somit die Höhe des Fahrzeugs größer ist, ist die Anzahl der auftretenden Moden bis zur gleichen Frequenz beim Reisebus in etwa doppelt bis dreimal so groß wie beim Stadtbus. Somit sind die Rechenzeiten deutlich länger und die Hardwareanforderungen erheblich höher (siehe Abbildung 9).

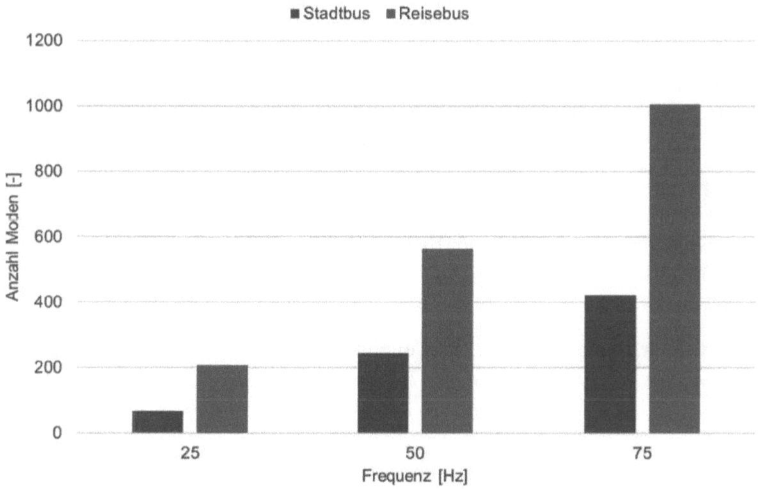

Abbildung 9: Unterschiedliche Anzahl auftretender Eigenmoden bei Stadt- und Reisebus bis zu einer festgelegten Frequenz

Ein weiterer wichtiger Punkt ist, dass die Schnittstellen zwischen den einzelnen Simulationsdisziplinen einwandfrei funktionieren müssen. Bei den langen Simulationszeiten ist auch ein Einsatz von massiv paralleler Simulation mit HPC (high performance computing) sinnvoll. Es hat sich gezeigt, dass es dabei große Herausforderungen gibt:

- FE / MKS: Nummerierung von Komponenten; Freie Knoten, ...
- MKS / Schädigung: Anbindungspunkte zwischen FE und MKS, ...

Innerhalb des Prozesses der Schädigungssimulation sind noch viele Punkte im Einzelnen zu klären. Die Berücksichtigung des Fertigungseinflusses an den Schweißnähten des Busgerippes muss noch detaillierter untersucht werden. Genauso ist noch nicht ausreichend geklärt, bis zu welcher Frequenz die modalen Moden bei der Superelement-Erstellung einbezogen werden müssen. Ein weiterer Know-How-Aufbau in allen beteiligten Simulationsdisziplinen ist notwendig.

Zusammenfassung und Ausblick

Durch Erkenntnisse der virtuellen Schädigung sind schon früh in der Projektphase konstruktive Maßnahmen ableitbar, ohne dass weitere Erprobungsfahrzeuge gefertigt und mit diesen Rüttelerprobungen durchgeführt werden müssen. Die Reduzierung von Erprobungsfahrzeugen und Erkenntnisübertragung auf alle Varianten ergibt einen deutlichen Kostenersparnisfaktor. Durch den Prozess der Schädigungssimulation kann relativ zeitnah auf Anfragen von möglichen Konstruktionsvarianten unter Berücksichtigung aller relevanten realen physikalischen Einflussgrößen reagiert werden. Zusätzlich können bei vorliegenden Kenntnissen eines speziellen Fahrzeugtyps weitere leicht modifizierte virtuell abgesichert werden. Allerdings ist es noch notwendig, zusätzliche Optimierungsmöglichkeiten auszuschöpfen und weiteres Fachwissen aufzubauen.

Literaturhinweise

[1] https://www.bing.com/maps?osid=b19423f8-d116-4b6b-a769-995fa8366e98&cp=48.211088~11.471292&lvl=18&style=a&v=2&sV=2&form=S00027.

[2] Craig, R. R. Jr.; Bampton, M. C. C; Coupling of Substructures for Dynamic Analysis, AIAA Journal, Vol. 6, No. 7, 1968, pp. 1313-1319.

FAHRZEUGKONZEPTE I

Personal Public Vehicle – ein urbanes Fahrzeugkonzept für die „Shared Mobility“ der Zukunft

Prof. Dr. Thilo Röth, Labor für Automobiltechnik, FH Aachen / Imperia Gesellschaft für angewandte Fahrzeugentwicklung mbH,

Michael Pielen, share2drive GmbH

Einleitung

Die urbane Mobilität ist im Wandel und insbesondere neue innovative Geschäftsmodelle werden einen wesentlichen Teil zur Lösung von künftigen Mobilitätsbedürfnissen beitragen. Die sogenannte „Shared Mobility“ gilt aktuell neben der Elektrifizierung des Antriebes und autonomem Fahrzeugtechnologien als einer der wichtigsten Trendthemen in der Automobilindustrie. Neue Mobilitätsdienstleistungen verlangen dabei verstärkt auch neue Fahrzeugkonzepte.

In diesem Beitrag geben die FH Aachen, die FEV Gruppe, sowie die share2drive GmbH einen Ausblick auf die künftige Fahrzeugklasse PPV (Personal Public Vehicle) als Beförderungsmittel und Schnittstelle zwischen dem öffentlichen Verkehr und individuellem Verkehr.

UMT – Urban Mobility Trait

Wenn es im Kontext der Shared Mobility darum geht, relevante Formen von städtischen Mobilitätsdienstleistungen aus Sicht des individuellen Mobilitätsbedürfnisses zu beschreiben und Geschäftsmodelle mit speziellen Fahrzeugkonzepten zu bewerten, kommt das sogenannte Urban Mobility Trait (UMT) zum Einsatz (vgl. Abbildung 1). Hieraus erschließt sich etwa, dass die Mobilitätsdienstleistung beim Free-Floating-Carsharing aus dem Teilen von Fahrzeugen besteht, die von Unternehmen für ihre Kunden bereitgestellt werden. Letztere wiederum fungieren dabei als Fahrzeugführer. Generell wird beim Free-Floating Carsharing nur eine geringe Anzahl an Personen befördert und die Fahrstrecke liegt meist bei weniger als acht Kilometern. Anders sieht es beim sogenannten Rideselling aus, zu dem beispielsweise die Unternehmen Uber oder Lyft zählen. Hierbei bieten Privatpersonen mit ihren eigenen Fahrzeugen Chauffeurdienstleistungen an. Letztlich entscheiden die Nutzungsbedürfnisse der Kunden darüber, welche Mobilitätsdienstleistung sie in Anspruch nehmen. Relevant ist hierbei neben den Kosten der Fahrt auch die Zeit die benötigt wird, bis Nutzer ihr Ziel erreichen können. Ebenfalls von Bedeutung ist die Einfachheit der Dienstleistung gepaart mit Komfort und potenziellem Zusatznutzen, den die Nutzer durch sie erfahren – beispielsweise, die Fahrtzeit für private oder berufliche Aufgaben nutzen zu können (vgl. Abbildung 2).

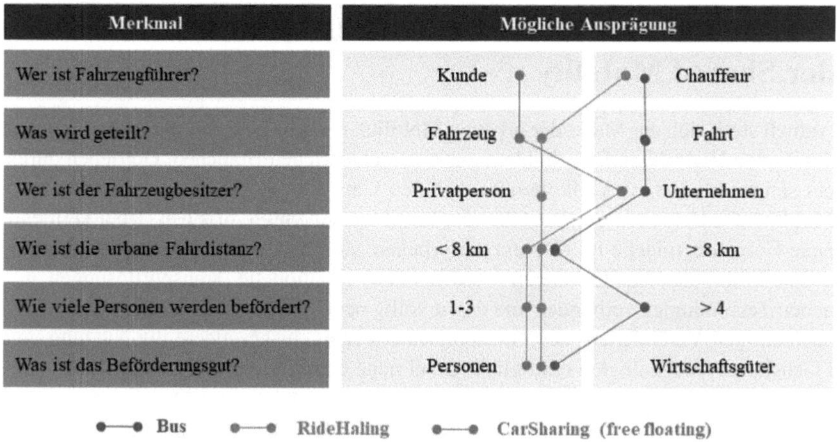

Abbildung 1: Unterschiedliche Ausprägungen der Personen-Mobilität nach dem UMT (Quelle: share2drive GmbH)

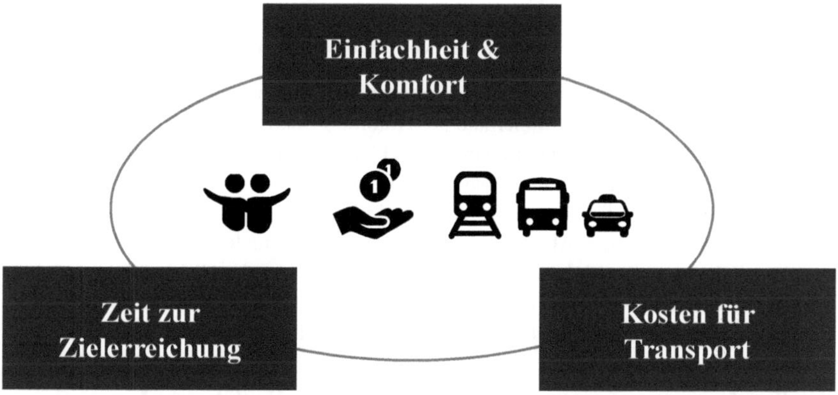

Abbildung 2: Kundenspezifische Auswahlkriterien für spezifische, urbane Mobilität (Quelle: share2drive GmbH)

Trends und neue Geschäftsmodelle im Kontext der Shared Mobility

Aktuell stellt sich der Markt der urbanen Mobilität als sehr komplex dar und ist geprägt durch eine Vielzahl an Stakeholdern aus unterschiedlichen Branchen. Getrieben durch ein steigendes Verkehrsaufkommen, erhöhten Umweltbelastungen sowie veränderten Mobilitätsbedürfnissen der Bevölkerung in urbanen Zentren, drängen dabei vermehrt neue Geschäftsmodelle im Kontext der urbanen Mobilität auf den Markt. Durch diese neuen Mobilitätsdienstleistungen werden dabei traditionelle Transportlösungen mit neuen Technologien verbunden und damit völlig neue Services angeboten, was zu einer nachhaltigen Veränderung des Transportsektors führt. Insbesondere die Nutzung von IT-basierten Technologien ermöglicht dabei neue Geschäftsmodelle, welche den Nutzern eine effiziente, flexible und bequeme Mobilität ermöglicht. Mit (teil-)autonomen Fahrzeugtechnologien kann hierbei der Komfort für die Nutzer von urbanen Mobilitätsdienstleistungen erheblich erhöht werden. Einerseits kann durch die Nutzung dieser Fahrzeugtechnologien der Zugang zu den Mobilitätsdienstleistungen erleichtert werden, andererseits können völlig neue Kundengruppen angesprochen werden, welche bislang nicht die Hauptzielgruppe dieser Mobilitätsangebote darstellen. Langfristig ist davon auszugehen, dass durch autonome Fahrzeuge die verschiedenen Mobilitätsdienstleistungen zu einem ganzheitlichen Mobilitätssystem konvergieren.

Neue Mobilitätsdienstleistungen haben einen starken disruptiven Einfluss auf die bestehende Wertschöpfungsstruktur innerhalb des Automobilsektors. So drängen neben Mobilitätsdienstleistern verstärkt Akteure aus der IKT- sowie Energie-Branche mit neuen Geschäftsmodellen auf den Mobilitätsmarkt. Gleichzeitig steigt der Einfluss von System- und Modulzulieferern (Tier 1), was zu einer Bedrohung des originären OEM-Geschäftes führt. Durch den sinkenden Absatz von Fahrzeugen an Endkunden, müssen folglich auch verstärkt Fahrzeuge für Mobilitätsdienstleister in den Fokus der OEM rücken. Wichtig erscheint dabei, dass neue Fahrzeugkonzepte die konkreten Nutzungsbedürfnisse, welche sich aus der jeweiligen Mobilitätsdienstleistung ableiten klar adressieren.

Anforderungen an ein Fahrzeug für die Shared Mobility

Die bislang im Carsharing, als derzeit populärste neue Mobilitätsdienstleistung, genutzten (Elektro-) Fahrzeuge erfüllen nur bedingt ihren Einsatzzweck, da sie originär auf eine Endkundennutzung hin ausgelegt werden. Dabei werden von den Flottenbetreibern nur geringfügige Modifikationen, insbesondere im Bereich der Zugangsmöglichkeiten für die Nutzer an den Fahrzeugen vorgenommen. Im Zuge der Verwendung in einem urbanen, geteilten Mobilitätskonzept rücken jedoch spezifische Anforderungen der

Betreiber sowie der Fahrzeugnutzer vermehrt in den Fokus. Im Vordergrund stehen dabei beispielsweise eine Bagatellschäden-freundliche Karosserie, eine optimierte Parkraumbewirtschaftung sowie die hohe Anzahl an verschiedenen Fahrern. Gleichzeitig müssen Fahrzeuge in neuen Mobilitätsdienstleistungen als Rolling Device verstanden werden und sich als Bestandteil in ein multimodales System einfügen.

Daraus folgt, dass das Anforderungsprofil eines „perfekten" Sharing-Fahrzeugs nicht wie sonst üblich über eine konventionelle Kundenanalyse, sondern aus dem Mobilitätskonzept sowie einem Geschäftsmodell zu entwickeln. Entsprechende Anforderungen aus dem Carsharing-Betrieb sind in gemeinsamer Forschung der FH Aachen und Cambio Aachen sowie aus Veröffentlichungen des Bundesverbands Carsharing e. V. entstanden (vgl. Abbildung 3).

Anforderungen aus dem CarSharing-Mobilitätskonzept	Anforderung an den PPV
• Breite Zielgruppen (18-40 Jährige besonders im Fokus) • Hoher Wiedererkennungswert • Modern, nicht verspielt, Vermittlung von Sicherheit	– **Eigenständiges, klares Design** – **Freundlicher Auftritt**
• 80 % „Singlefahrten" • 95 % Fahrten mit max. 3 Personen • 86% Nutzung zum Transport von Einkäufen • Minimale Parkplatzbewirtschaftung (Quereinparken!)	– **3-Sitzer (1 +2) auf 2,5 m Länge** – **Variabler Nutzungsraum** (u.a. Kinderwagen, Fahrrad) – **Hohe Parkplatz-Packungsdichte** – **Komfortabler Ein- & Ausstieg** (Parken!)
• Sehr breite Fahrerpopulation • Sehr einfache Bedienung • Abbau von Hemmnissen und Barrieren • ~50% sind „Wenigfahrer" (Nutzung 1-5 mal/Monat) • Schaffung einer „schnellen" Wohlfühlatmosphäre • Intensive Kommunikation (Betreiber, User, Infrastruktur, PPV)	– **Ergonomie für Jedermann** – **„Super Simple to Use" und intuitive IT-HMI** – **Keine Ablenkung durch Fahrzeugbedienung** – **Hohes Maß an Personalisierung** – **Einbindung des PPV in die Cloud** – **Großzügiger, luftiger Innenraum**
• Zehn Nutzerwechsel pro Tag pro Fahrzeug • „Stiefmütterlicher" Umgang mit den Fahrzeugen • Häufigste Unfälle sind leichte Schäden beim Einparken • Hohe Stadtagilität • Höchste urbane Fahrzeugsicherheit	– **Integriertes Reinigungskonzept** – **Robust** – **Bagatellschädenfreundlich** – **Wendekreis** <8m; **hohe Leistung** bis 80km/h – **Höchste passive und aktive Sicherheit**
• Nicht teurer als ein konventionelles Fahrzeug, trotz eAntrieb • Kabelloses Laden • max. 80km/Tag & 10 User/Tag & 24/7 Verfügbarkeit	– **< 0,60€/km** (Berlin) – **Integriertes Geschäftsmodell** – **Investitionsfreundliche Produktion**

Abbildung 3: Ableitung der Fahrzeuganforderungen aus den Mobilitäts- und Geschäftsmodellbedürfnissen (Quelle: share2drive GmbH und FH Aachen)

Konzeption des PPV 1.0

Ziel der PPV-Konzeption war es ein realistisches Fahrzeugkonzept zu entwickeln, welches nicht dem aktuellen Trend „schwereloser" ShowCars folgt, sondern sich als eine zeitnahe Antwort auf SharedMobility-Anforderungen der Zukunft versteht. Das für den PPV 1.0 erstellte Fahrzeuglastenheft adressiert eine europäische Homologation. Der

Entwicklungsprozess folgt im Package-Engineering europäischen Standards, bzw. die Berücksichtigung einer europäischen 98-Percentil-Population. Amerikanische SAE-Normen unterstützen verschiedene geometrischen Konzeptentscheidung. Während der Konzeptentwicklung wird zusätzlich in Hardware ein modularer, leicht änderbarer Innenraum-Buck für die Verifizierung der anspruchsvollen Innenraumvorgaben verwendet. Die Absicherung der funktionalen Ziele (z.B. Crash) erfolgt durch die FEM-Software LS-Dyna.

Maß- und Aufbaukonzept

Die größte Herausforderung stellt sich durch die Mobilitätsvorgabe, ein Fahrzeug in der M1-Klasse zu konzipieren, welches nur eine Länge von < 2,5m (Quereinparken erlaubt) und eine Breite von ca. 1,7m haben darf. Gleichzeitig müssen, um 95% aller denkbaren Fahrten zu bedienen, 3 Personen im PPV 1.0 Platz finden. Die Vorgabe, dass der Innenraum ein freundliches, großzügiges Innenraumangebot bieten soll, verschärft die Konzeption zusätzlich.

Der PPV schafft diesen Package-Spagat mit einem 1-Box-Design mit 3er-Sitzbelegung (1+2-Sitzer) in einer Reihe. Der Antriebsstrang wird hochintegrativ und package-effizient mit der Bodengruppe abgestimmt. Ein neuartiges Rohbaukonzept erlaubt eine weit nach vorne platzierte Windschutzscheibe. Ein wichtiges Konzeptmerkmal ist hierfür die zurückversetzte A-Säule, sowie sehr große Glasflächen. Ein weiterer, wichtiger Bestandteil des Aufbau-Konzeptes stellt die Fahrertür dar. Auf Basis des Geschäftsmodells wird durchschnittlich 8 x am Tag der PPV von unterschiedlichen Fahrern genutzt. Um einen perfektes Customer-Wellcome schon beim Einsteigen sicherzustellen und gleichzeitig eine maximale Packungsdichte von neben einander parkender PPV zu gewährleisten war die Türentwicklung ein wichtiges Alleinstellungsmerkmal in der gesamten Fahrzeugkonzeption.

Ein neuartiges Schwenk-Schiebtürkonzept gewährleistet – selbst in engen Parklücken – eine Best-in-Class-Türöffnung ohne dabei im geöffneten Zustand über das sehr kurze Fahrzeug hinauszuragen. Der PPV 1.0 setzt hier neue Maßstäbe.

Design-Konzept

Vor der eigentlichen Design-Entwicklung wurde in einem interdisziplinären Design-Team eine Design-DNA des PPV 1.0 definiert. Unter dem Begriff „What kind of Animal?“ wurden urbane Assoziationswelten geschaffen (Abb. 4). Für diese sehr unterschiedlichen urbanen Welten wurden ca. 250 Design-Entwürfe entwickelt, diese auf zwei grundsätzlich unterschiedliche Konzepte des bevorzugten Assoziationsraums verdichtet und zur finalen Konzeptentscheidung geführt. Ab der Konzeptentscheidung folgte die Designentwicklung in einem typischen digitalen CAS-Prozess (Computer-Aided Styling).

Abb. 4: Ausgewählte Assoziationswelten in der Design-Entwicklung des PPV 1.0

Die anvisierte Design-DNA konnte im finalen Design umgesetzt werden. Zusammengefasst lässt sich der PPV als der kleinste Selbstfahrerbus der Welt bezeichnen. Das finale Design ist in Abb. 5 dargestellt.

Abb. 5: Finales Design des PPV 1.0

Innenraum-Konzept

Das Innenraumkonzept unterscheidet sich in der Design-Sprache deutlich vom Exterior und nimmt sehr stark die reduzierte Kommunikations-DNA aus dem Busbau und der IT-Welt auf. Konsequent hat man beim PPV 1.0 die Anzahl aller Bedienelemente auf ein absolutes Minimum reduziert und die intuitive Bedienung in den Vordergrund gestellt. Der Fahrerplatz zeichnet sich durch ein modernes, digitale HMI aus. Das Klimatisierungskonzept orientiert sich eher an der Denkweise urbaner Räume und nicht am klassischen Fahrzeugbau. Ein TCR-optimiertes (Total Cost of Ride) Reinigungskonzept des Innenraums, sinnvolle Variabilitäten durch die 2er-Sitzbank, Weglassen verdreckender Fugen, Oberflächen aus dem Bootsbau, ein Sprühboden aus dem Schienenfahrzeugbau sowie der konsequente Wegfall „überflüssiger“ Ablageflächen charakterisieren den Innenraum als echten Carsharing-Nutzraum.

Antriebskonzept

Das Antriebskonzept setzt im Wesentlichen auf die Komposition von sehr gutem „Stand der Technik“ für ein elektrisch betriebenes, urbanes Stadtfahrzeug in 400V-Technik. Die technischen Daten sind mit 45kW Antriebsleistung in der Front, einer max. Geschwindigkeit von 120 km/h, einem Batterie-Pack von knapp 20 kWh konkurrenzfähig. Die Reichweite liegt – selbst unter extremsten Bedingungen – bei 80 km und ist auf einen speziell entwickelten CarSharing-Cycle den sogenannten „AC-SC-Cylce“ verifiziert. Gemäß dem Businessmodell der share2drive werden damit die täglich geforderten ca. zwei Betriebsstunden zuverlässig erreicht. Die Konzeptentscheidung einer Tandem-Motoranordnung mit zwei, im Durchmesser kleinen eMaschinen im Vorderwagen beruht auf den Vorteilen in der Crashauslegung sowie dem Anspruch ein agiles Stadtfahrzeug zu liefern.

Sicherheitskonzept

Neben einer Vielzahl an Maßnahmen zur Unfallvermeidung zeichnet sich der PPV 1.0 durch einen sehr hohen Standard an Crash-Sicherheit aus (Abb. 6). Die besondere Herausforderung liegt bei der Konzeptentwicklung vor allem in der Auslegung der Frontal-Crash-Anforderungen. Der sehr kurze Vorderwagen zwingt die Entwicklung in eine radikale Strukturauslegung mit vier Lastpfadebenen und sehr kontrolliertem Deformationsverhalten. Basis für die Frontal-Crash-Auslegung liefert eine eigens entwickelte „Target-Seeting“-Software, welche alle physikalischen Auslegungs-Kenngrößen aus dem Rückhaltesystem-Kenngrößen und der Fahrzeugstruktur vereinen. Bei einer Gesamtverformung von ca. 350 mm wird so ein mittlerer Crash-Puls von 31g bei ca. 60mm Spritzwandeindringung erreicht. Beim Seitenaufprall werden die Deformationen von der zentral angeordneten Batteriestruktur ferngehalten. Wegen dem geringen Abstand Fahrzeugschwerpunkt zu Aufprall-Stelle sowohl im ODB-Frontalcrash mit 40% Überdeckung als auch beim Seitenaufprall stellt sich eine starke Rotation des sehr kurzen PPV ein. Dieser Umstand kann deformationszonenverringernd in der Strukturauslegung genutzt werden. Für den Dacheindrücktest gemäß FMVSS 216 wird die Crash-Festigkeit mit knapp 60kN erfüllt.

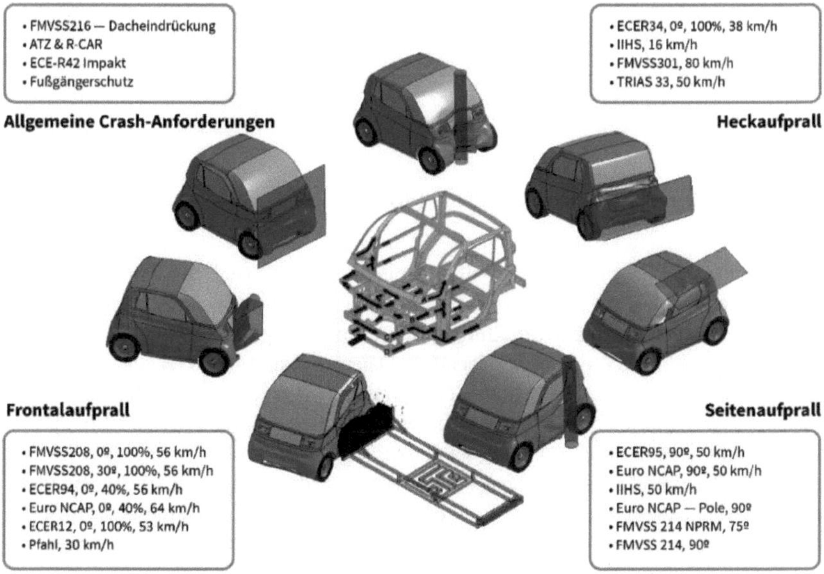

Abb.6: Crash-Absicherung des PPV für den EU-Markt und für zusätzliche urbane Unfall-Szenarien

Karosseriekonzept

Die Konzeption erfolgt stringent auf die 3 Karosserie-Disziplinen „Bauweisenkonzept", „Werkstoffkonzept" sowie „Produktionskonzept". Beim Rohbau handelt es sich um den sogenannten FlexBody©, einem Karosseriebaukasten, welcher den Bau von profillastigen Leichtbau-Karosserien in Mischbau für Fahrzeugprojekte mit weniger als 10.000 Fzg./Jahr ermöglicht. Durch einen standardisierten Prozess sowie die konsequente Aufteilung der Rahmenstruktur in Profile und Knoten können mit dem FlexBody Karosseriestrukturen in sehr kurzer Zeit entwickelt und für die Produktion vorbereitet werden (Abb. 7).

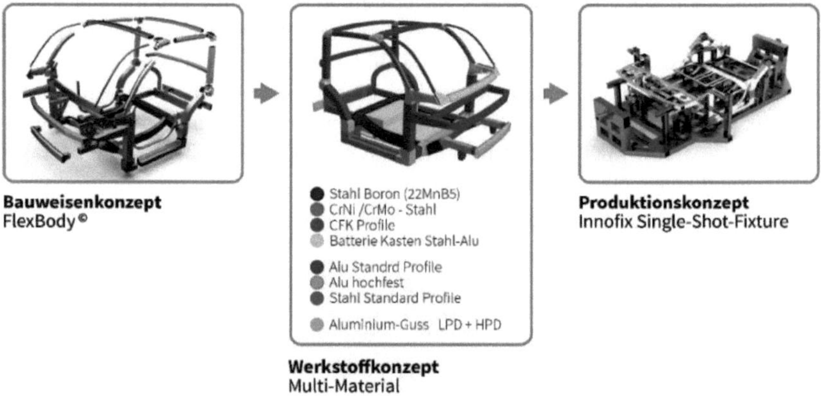

Abb. 7: Strukturkonzept – Flexbody als Multi-Material-Leichtbaukarosserie

Der größte Vorteil liegt in einer investitionsfreundlichen Bauweise der Karosserie. Ausgangsbasis der PPV-Karosseriekonzeption bildet der MKPB (Modularer Karosserie-Produktions-Baukasten), welcher Strukturbauweisen und Fertigungsverfahren für einzelne Komponenten beinhaltet. In dieser „lebenden" Datenbank sind eine Vielzahl an Strukturbauweisen mit Ihren Fertigungs- und Werkstoffeigenheiten sowie marktübliche Kostenabschätzungen in definierten Stückzahlszenarien enthalten. Die Synthese der aluminiumintensive Aufbaustruktur als auch die stahlintensive Boden-Struktur erfolgt im Einklang mit den Kostenzielsetzungen der gesamten Karosserie, den Integrationszielen sowie der geforderten Leichtbaugüte. Neben wenigen Standardprofilen dominieren beim PPV 1.0 holgegossene Knotenstrukturen aus Aluminium in LPD (Niederdruckguss mit Sandkernen) sowie Strangpressprofile und Profile in Falz-Biegetechnik.

Beim FlexBody des PPV werden in der Bodengruppe vorrangig Bauweisen mit hoch- und höchstfesten Werkstoffen eingesetzt. Im Vorderwagen und im Aufbau dominieren vorrangig Aluminium-Lösungen. Ein sogenannter „Ladder-Integrated-Frame“, wie man ihn auch aus SUVs kennt, nimmt die zentral angeordnete Batterie schützend auf. Das gesamt Rohbaukonzept integriert folgende neuartigen Ansätze:

- „Single-Shot-Fixtures“, d.h. es werden sehr große Strukturumfänge in wenigen Vorrichtungan assembliert.
- Injektionsklebverfahrens, welches einen kalten Rohbau in Mischbauweise zulässt. Eine Korrosionsbeschichtung durch eine spezielle KTL-Beschichtung erfährt nur die Stahlstruktur der Bodengruppe.
- „Two-Layer“-Karosseriearchitektur: Nach der Fertigstellung der Rahmenstruktur (1. Layer) werden die Schließstrukturen (2. Layer) wie z.B. Bodenblech aus Aluminium, Spritzwand und Seitenrahmen-Verkleidung (B-Flächen) aus flächigen Kunststoffteilen verschraubt und verklebt. Die flächigen Schließstrukturen orientieren sich geometrisch und dimensionell an der Profilstruktur.
- Außenflächen, werden i.W. durch Hang-On-Panel gebildet. Die im Fertigungsverfahren Thermoforming hergestellten Teile besitzen bereits die endgültige Farbe und ergänzen den „body-in-grey“.

Die Fertigung der jährlich 7.000 geplanten PPV ist auf einen Zweischichtbetrieb mit deutschem Produktionsstandort ausgelegt.

Die Strukturleistung ist vorrangig auf die zuvor beschriebenen Crash-Anforderungen ausgelegt. Bei der statischen Torsionssteifigkeit wird, bei einem Rohbaugewicht von 148 kg (ohne Klappen & Batteriestruktur), eine Leichtbaugüte von ca. 3 erreicht.

Ausblick PPV 2.0

Die aktuelle Marktentwicklung zu neuen Mobilitätslösungen bietet ein hohes Potenzial für Konzepte, bei denen Mobilitätsbedürfnisse, neue Geschäftsmodelle und der Fahrzeugbau zusammenwachsen.

Der PPV 1.0, der als spezielle Fahrzeuglösung eine Antwort auf zukünftige Mobilitätsbedürfnisse in einer Shared Economy bis 2020 bietet, ist auf eine hohe positive Resonanz getroffen.

Aktuell entwickelt die share2drive GmbH in Zusammenarbeit mit der FEV Gruppe die zweite Generation des PPV. Hierbei werden insbesondere die Themenfelder Connectivity sowie autonome Fahrzeugsysteme (ADAS) noch stärker in den Fokus rücken. Das PPV 2.0 wird hierbei sukzessive neue Technologien zum autonomen, welche Nutzungsfall sinnvoll erscheint, integrieren können und versteht sich somit als mitwachsender Technologieträger („AD-Ready“).

Nutzergerechte Fahrzeugentwicklung im ÖPNV mit erweiterter Persona-Methode

Alexander Müller *
Gerhard Kopp **
Stefanie Beyer *
Oliver Deisser **

* Hochschule Esslingen – University of Applied Sciences, Fakultät Fahrzeugtechnik
** Deutsches Zentrum für Luft- und Raumfahrt e. V. (DLR), Institut für Fahrzeugkonzepte, Abteilung Fahrzeugarchitekturen und Leichtbaukonzepte

Einführung

Im Forschungsprojekt Reallabor Schorndorf soll bis Anfang 2019 ein bedarfsgerechtes und nutzerorientiertes System für den öffentlichen Personennahverkehr (ÖPNV) entwickelt werden, bei dem vom Nutzer über Smartphone, Internet oder Telefon der Fahrtwunsch mitgeteilt und die Busroute effizient und flexibel an die Fahrtwünsche der Nutzer angepasst ist. Zusammen mit dem Institut für Fahrzeugkonzepte des DLR wird von der Fakultät Fahrzeugtechnik der Hochschule Esslingen ein Fahrzeugkonzept entwickelt, dass die aus dem bedarfsgerechten Ansatz resultierenden, veränderten Randbedingungen maßgebend berücksichtigt.

Aktuelle Situation und Problemstellung

Der motorisierte Individualverkehr (MIV) ist von einem hohen Verkehrsaufkommen geprägt. Als ein Beispiel können an dieser Stelle Deutschlands Stauhauptstädte München mit dem Mittleren Ring und Stuttgart mit der Neckarstraße genannt werden, die in den vergangenen Jahren auf Basis von GPS-Daten Auswertungen [1, 2] durch die Presse mehrmals den Titel Stauhauptstadt verliehen bekommen haben. Damit eng verbunden sind hohe Emissionen, die aufgrund von Feinstaub und NO_x wahrscheinlich zu Fahrverboten führen werden. Eine Alternative zum MIV stellt der ÖPNV dar. Dieser erweist sich jedoch als unflexibel, unzuverlässig und erhöht die tägliche Reisezeit von Pendlern selbst bei störungsfreiem, fahrplanmäßigem Betrieb oft wesentlich. Hinzu kommen Defizite in der Barrierefreiheit und Nachhaltigkeit. Die genannten Verkehrsstatistiken lassen den Schluss zu, dass der bezogen auf die verfügbaren Transportkapazitäten leistungsfähige ÖPNV für die Nutzer des MIV aktuell zu unattraktiv ist um einen Wechsel in Erwägung zu ziehen und aus ihrer Sicht keine Alternative darstellt.

Lösungsansatz: Bedarfsgerechter ÖPNV-Betrieb

Aufgrund der vorgestellten aktuellen Situation erscheint es generell zielführend den ÖPNV durch die Umsetzung eines bedarfsgerechten Betriebsansatzes flexibler, attraktiver und nachhaltiger zu gestalten. Die damit verbundene Erhöhung der Nutzerakzeptanz wird dazu beitragen den gegenwärtig hohen Anteil des motorisierten Individualverkehrs spürbar zu reduzieren und damit auch die Belastung der Umwelt, der Gesundheit der Anwohner und des Straßennetzes signifikant zu verringern. Erfolgsentscheidend sind neben einem modernen, auf den individuellen Bedarf angepassten Betriebskonzept auch die zum Einsatz kommenden Fahrzeugkonzepte, die die aus dem neuartigen Betriebskonzept resultierenden veränderten Randbedingungen bestmöglich berücksichtigen.

In der vorliegenden Abhandlung soll dargestellt werden, wie Fahrzeuge, die im bedarfsgerechten ÖPNV eingesetzt werden, gezielt auf die Bedürfnisse der Nutzer angepasst werden können. Zu diesem Zweck werden bereits in der Konzeptphase Nutzer mit dem digitalen Menschmodell RAMSIS® abgebildet. Neben den anthropometrischen Eigenschaften der Fahrzeugnutzer sollen auch Nutzungsszenarien über den Tagesablauf sowie Einstellungscharakteristika der Nutzer Berücksichtigung finden. So genannte Personas dienen in diesem Zusammenhang als Grundlage und bilden in Kombination auslegungskritische Nutzungsszenarien ab.

Forschungsprojekt Reallabor Schorndorf

Seit Anfang 2015 werden neuartige Modelle für die Kooperation von Wissenschaft und Gesellschaft von so genannten Reallaboren vom Wissenschaftsministerium des Landes Baden-Württemberg mit in Summe 15 Mio. Euro gefördert [3]. Eines der im Förderprogramm Reallabor Stadt beteiligten Forschungsprojekte stellt das Reallabor Schorndorf dar, das mit ca. 1,2 Mio. Euro seit Februar 2016 über einen Zeitraum von drei Jahren eine Förderung erhält [4].

Das interdisziplinäre Forschungskonsortium erarbeitet ein digital gestütztes und App-basiertes, bedarfsorientiertes Buskonzept, um den ÖPNV an die individuellen Ansprüche des Nutzers anzupassen. Es hat keine festen Haltestellen, Linien und Fahrpläne, sondern ist im Wesentlichen über ein Smartphone individuell abrufbar und passt seine Route den Fahrtwünschen der Benutzer an. Der speziell an diese Bedürfnisse angepasste Bus kommt im Stadtgebiet wann man ihn braucht und fährt wohin man ihn benötigt. Entwickelt wird das Forschungsprojekt im Feld, in der 40.000 Einwohnerstadt. Schorndorf repräsentiert eine typische Raumstruktur, die durch den Pendelverkehr zwischen einem emissionsintensiven Ballungszentrum und dem Umland charakterisiert ist. Drei innerstädtische Buslinien bedienen vom zentral gelegenen Bahnhof mit S-Bahn- und Regionalbahnanbindung aus die Kernstadt und angrenzende Wohngebiete. Insbesondere in den Nebenverkehrszeiten fahren die großen und konventionell angetriebenen Stadtbusse mit ca. 30 Sitzplätzen zwischen den engen Wohnbebauungen weitgehend leer. Da es vor allem für Spontannutzer zu langen Wartezeiten kommen kann, wird der ÖPNV im Vergleich zum Individualverkehr mehrheitlich als unattraktiv wahrgenommen. Hier setzt das Forschungsprojekt Reallabor Schorndorf an und entwickelt ein individuell abrufbares System das in Zeiten geringer Nachfrage die Hauptverkehrsverbindungen flexibel ergänzen soll.

Im Rahmen des Projekts kooperieren die Fakultät Fahrzeugtechnik der Hochschule Esslingen, das Deutsche Zentrum für Luft- und Raumfahrt (DLR), das Zentrum für Interdisziplinäre Risiko- und Innovationsforschung (ZIRIUS) der Universität Stuttgart, die Stadt Schorndorf als die betroffene Kommune, der Busbetreiber Knauss Linienbusse und der Verkehrs- und Tarifverbund Stuttgart (VVS) sowie im Rahmen der Partizipation die Bürger Schorndorfs miteinander. Koordiniert wird das Projekt durch das DLR.

Organisatorisch setzt sich das Forschungsprojekt aus verschiedenen Teilprojekten zusammen. Inhaltlich werden in je einem Teilprojekt einerseits das Bedienkonzept zur Organisation des bedarfsgerechten und digitalgestützten ÖPNV-Systems sowie das Fahrzeugkonzept, das die aus dem zuvor beschriebenen neuartigen Bedienkonzept resultierenden veränderten Anforderungen im besonderen Maße berücksichtigt, erarbeitet. Das Projekt profitiert im besonderen Maße davon, dass für den Dialog mit den Bürgern sowie für die Abstimmung zwischen Bürgern, Kommune und dem Projekt in dem Teilprojekt Bürgerbeteiligung zusätzliche Kapazitäten bereitstehen.

Das Teilprojekt Fahrzeugkonzeption wird von der Fakultät Fahrzeugtechnik der Hochschule Esslingen zusammen mit dem Institut für Fahrzeugkonzepte des DLR bearbeitet.

Funktionsanalysen

Für die zielgerichtete Fahrzeugkonzeption sind Funktionsanalysen des bedarfsgerechten ÖPNV Betriebs sowie der nutzerorientierten Fahrzeug- und Interfaceentwicklung durchzuführen.

Bedarfsgerechter ÖPNV

„Bedarfsgerechter ÖPNV“ bezeichnet einen ÖPNV ohne die heute übliche feste Linienbindung, der von den Nutzern angefordert wird und seine flexible Fahrtroute entsprechend den Nutzerwünschen berechnet und abfährt. Prinzipiell ist die Idee, den ÖPNV bedarfsgerecht zu organisieren nicht neu – es gibt Sie nach dem Wissensstand der Verfasser seit den 1970er Jahren mit den rechnergesteuerten Systemen Rufbus Friedrichshafen von Dornier System GmbH und Retax-System von Messerschmidt-Bölkow-Blohm [5] bis heute, z. B. mit dem Kutsuplus Helsinki [6]. Diese Betriebskonzepte konnten sich jedoch vor allem aus betriebswirtschaftlichen Gründen nicht durchsetzen [5, 6]. Der bedarfsgerechte Ansatz zur Organisation des ÖPNV erfordert den Einsatz von kleinen und wendigen Fahrzeugen, mit denen relativ wenige Personen gleichzeitig transportiert werden. Hieraus ergeben sich beim gegenwärtigen Betriebsmodell erhöhte Personalkosten, da gemittelt und in Summe mehr Fahrzeuge zeitgleich im Einsatz sind und diese durch einen Busfahrer gelenkt werden.

Veränderte Randbedingungen wie z. B. neue Entwicklungen auf dem Gebiet der individuellen Vernetzung der Busnutzer mit Smartphones sowie Fortschritte beim autonomen Fahren lassen den bedarfsgerechten ÖPNV-Betrieb dennoch als zielführend erscheinen.

Nutzergerechte Fahrzeugentwicklung

Bei der geometrischen und nutzergerechten Fahrzeugentwicklung ist zwischen der Auslegung von ÖPNV- Fahrzeugen und der für im individuellen Personenverkehr eingesetzten Personenkraftwagen zu unterschieden.

ÖPNV-Fahrzeuge werden in der Regel auf die Maximalbelegung und Sitzabstände ausgelegt [7], vereinzelt werden so genannte Grenzperzentile statisch, in sitzender Körperhaltung betrachtet [8]. Sitzplatzanordnungen sowie die Gestalt von Gängen und Multifunktionsflächen erfüllen primär zulassungsspezifische Anforderungen und werden der maximalen Kapazität untergeordnet, so beispielhaft zu sehen in Abbildung 1**Fehler! Verweisquelle konnte nicht gefunden werden.**. Der Mensch steht nicht hinreichend im Vordergrund der Auslegung.

Abbildung 1: links: Zugang wird durch kleines Gepäckstück blockiert aufgrund einer nicht verhaltensangepassten Fahrzeugauslegung, Mitte und rechts: nicht barrierefreier Zustieg (eigene Aufnahmen).

In der Personenkraftfahrzeugentwicklung wird anhand von digitalen Mensch-Modellen auf Basis von Grenzperzentilen vorwiegend statisch ausgelegt (z. B. [8]). Bei der Planung von Personenkraftwagen zählt vorrangig die raumsparende Passagierplatzanordnung. Eine ergonomische und verhaltensberücksichtigende Auslegung von Sitzanordnungen und -plätzen ist nicht uneingeschränkt erkennbar. Technische, bauraumbedingte Notwendigkeiten werden i. d. R. priorisiert berücksichtigt.

Um den ÖPNV-Betrieb aufzuwerten und zur Attraktivitätssteigerung aktiv beizutragen sind Fahrzeuge, die im bedarfsgerechten ÖPNV eingesetzt werden unbedingt nutzergerecht zu konzipieren indem die Nutzer mit Ihren anthropometrischen Eigenschaften und Verhaltensweisen differenziert berücksichtigt werden.

Nutzergerechte Interfaceentwicklung

Bei der nutzergerechten Interfaceentwicklung ist das von Emotionen und Erfahrungen geprägte Verhalten des Nutzers maßgebend, dieses hängt eng mit seiner individuellen Einstellung und dem damit verbundenen Wahrnehmungs- und Kognitionsprozess zusammen [9]. Ein Werkzeug, das sich insbesondere für die Anforderungsanalyse inzwischen bewährt hat ist die so genannte Persona-Methode. Ihr Sinn ist es den Entwicklern zu ermöglichen, die Entscheidungen aus Kundenperspektive zu treffen und sich dabei auf kritische Nutzergruppen zu fokussieren [10, 11, 12, 13, 14, 15].

Fahrzeugkonzeption

Die nutzerorientierte Fahrzeugkonzeption berücksichtigt den in VDI 2221 beschriebenen und bewährten Ansatz der methodischen Produktentwicklung [16]. Die 2-stufige Konzeptgenerierung hängt eng mit der Anforderungsdefinition zusammen. Es schließt dann eine Entwurfsphase an. Konzept- und Entwurfsphase werden durch den Aufbau von Mock-ups real abgesichert (Vgl. Abbildung 2).

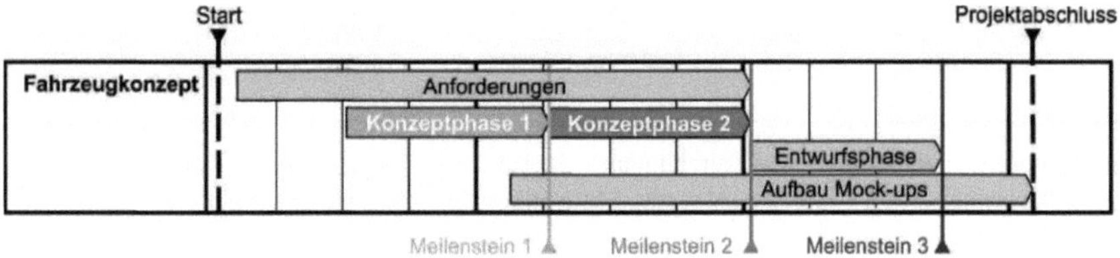

Abbildung 2: Systematische Fahrzeugkonzeption.

Anforderungsdefinition

Zu Beginn der Fahrzeugkonzeption werden Anforderungen definiert. Da die Konzeption aus zwei Phasen besteht werden einerseits die Konzepte nach Phasenabschluss bzgl. der Anforderungserfüllung bewertet, andererseits werden in diesem Zug auch die Anforderungen geprüft und ggfs. präzisiert.

Im Wesentlichen soll ein autonom fahrendes, vollelektrisch betriebenes, zweiachsiges und niederflurfähiges Fahrzeugkonzept entwickelt werden. Als Einsatzort wird der Innerstadtbereich Schorndorfs mit gewachsenen Strukturen gesehen und eine mögliche Nutzung in innerstädtischen Fußgänger-Einkaufs-Zonen mitbedacht. Die Maximal-Geschwindigkeit soll zwischen 50 und 80 km/h liegen, beim Anfahren soll eine Steigung von maximal 12% berücksichtigt werden. Die Fahrzeuglänge, -breite und-höhe soll einerseits die zentrifugale, nutzerzentrierte und barrierefreie Entwicklung des Innenraums berücksichtigen, die zunächst von 6 Sitz- und 4 Stehplätzen mit Gepäckablage ausgeht. Diese basiert auf der physischen Berücksichtigung der Fahrzeugnutzer mit dem digitalen Menschmodell RAMSIS®. Verschiedene Nutzungsszenarien, die sich aus dem Fahrzeugbetrieb zu unterschiedlichen Tageszeiten mit verschiedenen Nutzertypen ergeben, und die den Fahrzeuginnenraum auf unterschiedliche Weise beanspruchen, dienen für die virtuelle Innenraumauslegung. Andererseits sollen für die funktionale Ableitung der Fahrzeughauptabmessungen Anforderungen beachtet werden, die sich aus typischer und teilweise bestehender Infrastruktur ergeben. Eine Fahrzeuglänge von ca. 5 m kombiniert mit einem Wendekreis von max. 12 m wird diesen Anforderungen z. B. gerecht.

Nutzerorientierte Fahrzeugkonzeption

Der komplexe Fahrzeugentwicklungsprozess geschieht im Hinblick auf die zuvor aufgeführten Anforderungen. Alle Anforderungen werden zur operativen Bearbeitung einem der vier Themenfelder „Gesamtfahrzeug“, „Karosserie“, „Interieur/ Exterieur“ oder „Antrieb/ Fahrwerk“ zugeordnet (vgl. Abbildung 3).

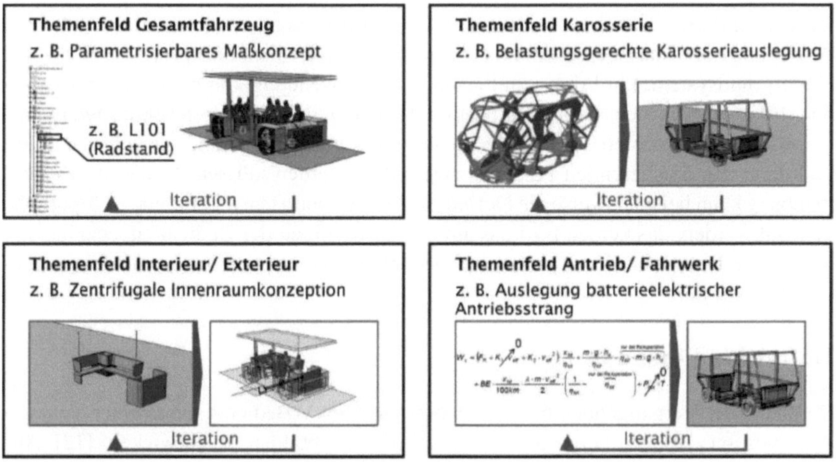

Abbildung 3: Themenfelder der Fahrzeugentwicklung.

Das Themenfeld Gesamtfahrzeug widmet sich dem Anforderungsmanagement, der nutzerzentrierten Maßkonzeption inkl. der ergonomischen Auslegung und Absicherung und dient als Grundlage zur Generierung des Packages der Hauptkomponenten, der Karosserie und der Interieur- und Exterieurmodule. Zusätzlich soll das Interieur- und Exterieurdesign durch dieses Themenfeld definiert werden. Die Karosserieauslegung inklusive der Entwicklung eines symmetrischen Front- und Heckends mit einer rudimentären Crashstruktur sowie eines barrierefreien Ein- und Ausstiegssystems wird thematisch im Bereich Karosserie bearbeitet. Im Themenfeld Interieur/ Exterieur werden die vorwiegend sichtbaren Verkleidungselemente sowie die Sitzanlage und die Haltestangen definiert die sich vor allem aus den Designvorgaben des Gesamtfahrzeugs ableiten. Die grobe Antriebs- und Fahrwerksauslegung wird durch das gleichnamige Themenfeld dargestellt und verfolgt primär das Ziel der groben Dimensionierung des batterieelektrischen Antriebsstrangs und des Fahrwerks.

Nutzerorientierte Konzeptabsicherung mit Personas

Als ein wesentliches Ziel der Fahrzeugkonzeption wurde deren nutzerorientierte Ausprägung formuliert. Der im bearbeiteten Forschungsprojekt gewählte Lösungsansatz ist, die Persona Methode zu erweitern und auf die Fahrzeugkonzeption zu übertragen. Es entsteht ein Mehrwert, da bei der geometrischen Fahrzeugauslegung somit neben den anthropometrischen Eigenschaften der Fahrzeugnutzer erstmalig auch die individuellen psychografischen Einstellungcharakteristika sowie das Verhalten der Nutzer Beachtung finden. Dabei sollen die identischen kritischen Nutzertypen, die auch bei der Auslegung des bedarfsgerechten und digitalgestützten Bedienkonzepts (App, Webseite, Hintergrundsysteme) in Form von Personas zur Anwendung kommen verwendet werden. Es ist zu beachten, dass nicht bestimmte und modellierungsrelevante Eigenschaften, die für die geometrische Fahrzeugauslegung maßgebend sind zunächst definiert und dann den existierenden Personas zugeordnet werden müssen. In diesem Zusammenhang kann beispielsweise die Definition des ergonomischen Leitmaßes Körperhöhe genannt werden, das keinen Einfluss auf die Entwicklung des Bedienkonzepts hat und daher eine Definition durch das Teilprojekt Bedienkonzeption zunächst nicht vorgenommen wurde.

Definition Personas

Bereits in der Vergangenheit hat es sich bewährt ÖPNV Bediensysteme unter Verwendung von spezifischen Personas, die ÖPNV-Nutzer abbilden, zu entwickeln [12]. Aus diesem Grund wurden zur Entwicklung des Bediensystems im vorliegenden Forschungsprojekt zusammen mit den Bürgern Schorndorfs vier „Schorndorf-spezifische Personas“ entwickelt, die die auslegungskritischen ÖPNV-Nutzer repräsentieren. Als kritische Zielgruppen wurden Rentner, mobilitätseingeschränkte Personen, regelmäßige Busnutzern und regelmäßige Pkw-Nutzer definiert. Abbildung 4 zeigt exemplarisch die fiktive Persona „Ingrid Henke“, eine 73-jährige Rentnerin.

Personas ergänzen und modellieren

Wie zuvor beschrieben sollen die zur Entwicklung des bedarfsgerechten und digitalgestützten Bediensystems definierten Personas systematisch um Charakteristika erweitert werden, die für die geometrische Fahrzeugauslegung von Bedeutung sind.

Abbildung 4: Persona aus dem Bürgerworkshop Reallabor Schorndorf (vgl. z. B. auch [17])

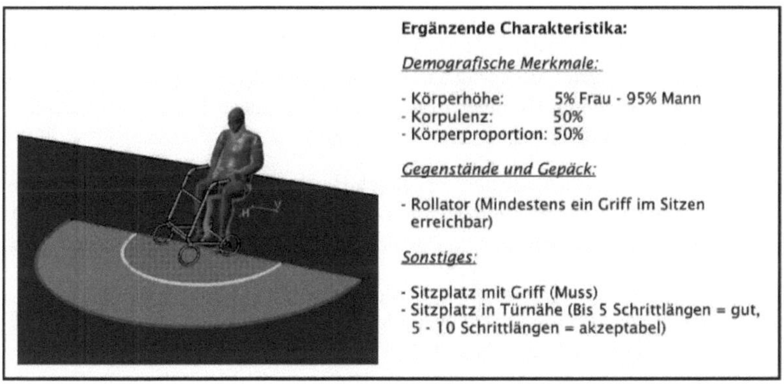

Abbildung 5: Physische Modellierung der ergänzten Persona „Rentner" (u. a. Frau Ingrid Henke)

Im Wesentlichen müssen sie, um demographische Eigenschaften (Körpergeometrie), Verhaltensparameter bezüglich der Bewegungsabläufe und -fähigkeiten und bevorzugter Aufenthaltsbereiche sowie um psychographischen Eigenschaften zur Bewertung der Fahrzeuggestalt erweitert werden. Aus diesem Ansatz resultieren 13 mit RAMSIS® modellierte Personen, die unterschiedlichen Personas zugeordnet werden können und über Attribute wie z. B. Kinderwagen, Rollator, Rollstuhl und Gepäck verfügen [18]. In Abbildung 5 wird beispielhaft gezeigt wie unter anderem die auslegungskritische Rentnerin Ingrid Henke als kleine Frau physisch modelliert wurde. Ergänzend sind wesentliche Charakteristika, die für die eindeutige, physische Modellierung, Positionierung und Orientierung notwendig sind aufgeführt.

Nutzungsszenarien ableiten

Die detaillierte, virtuelle Entwicklung des Fahrzeuginterieurs berücksichtigt die physisch modellierten Fahrzeugnutzer einerseits in Form von Grenzperzentilen, die als Eingangsgröße Teil des Maßkonzepts sind. Erstmals werden zur geometrischen Absicherung des Interieurs von ÖPNV-Fahrzeugen mittels der zuvor definierten Personas zusätzlich unterschiedliche Nutzertypen physisch dargestellt, die in Kombination den Fahrzeuginnenraum auf unterschiedliche Weise beanspruchen. Da mittels der im vorliegenden Forschungsprojekt entwickelten Personas nicht ausschließlich alle auslegungskritischen Nutzungsszenarien abgeleitet werden können, kommen zusätzlich Personas zur Anwendung, die im Forschungsprojekt IP-KOM-ÖV beschrieben sind [12]. Diese Kombination von Personas definieren die im Folgenden dargestellten vier auslegungskritischen Nutzungsszenarien, die auf Beobachtungen zu heutigem Nutzerverhalten basieren und die Nutzung des ÖPNV-Fahrzeugs zu unterschiedlichen Tageszeiten darstellen [18].

Szenario 1: *„Morgens“*: Maximale Auslegung der Sitz- und Stehplätze im Berufsverkehr: Vollbelegung mit 10 regelmäßigen Busnutzern bzw. Berufspendlern [12].

Szenario 2: *„Vormittags“*: Maximale Auslastung der Multifunktionsfläche: Eine Person mit Kinderwagen (Alltagsnutzer [12]), zwei mobilitätseingeschränkte Personen mit Rollatoren (Rentner bzw. Gelegenheitsnutzer [12]), zwei Personen mit Gepäck (Power-User [12]).

Szenario 3: *„Früher Abend“*: Auslegung bezüglich Barrierefreiheit: Zwei mobilitätseingeschränkte Personen mit Rollatoren (Rentner bzw. Gelegenheitsnutzer [12]), eine mobilitätseingeschränkte Person mit Rollstuhl, zwei regelmäßige Busnutzer bzw. Berufspendler [12].

Szenario 4: *„Später Abend“*: Auslegung bezüglich Raumfunktionalität und Raumgefühl: drei Personen mit hohen Ansprüchen bzgl. individuellem Raumbedarf (regelmäßige Autofahrer), ein regelmäßiger Busnutzer bzw. Berufspendler

Konzeptabsicherung durch Abbildung von Nutzungsszenarien

Das systematisch generierte Fahrzeugpackage und das Fahrzeuginterieur kann unter Verwendung von physisch modellierten Personas und durch die Abbildung von auslegungskritischen Nutzungsszenarien virtuell abgesichert werden. Abbildung 6 zeigt exemplarisch die Absicherung des Fahrzeuginterieurs bzgl. des Nutzungsszenarios 3 „Früher Abend“.

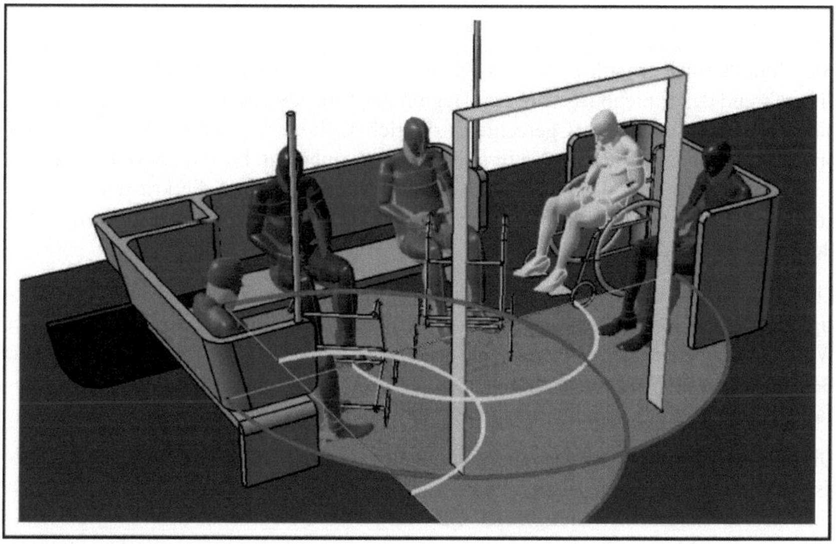

Abbildung 6: Absicherung eines Fahrzeuginterieurs mit Personas und deren Nutzungsverhalten berücksichtigendes Auslegungsszenario „Früher Abend“. Fazit: Die Türerreichbarkeit für Personas „Rentner“ ist akzeptabel.

Generell gelingt in dem Beispiel die Positionierung der Personas entsprechend der Vorgaben. Es wird deutlich, dass die Rollatoren den zur Verfügung stehenden Freiraum im Interieur deutlich beschränken. Die Positionierung und Orientierung der mobilitätseingeschränkten Person funktioniert, auf Basis der formulierten Anforderungen werden im Maßkonzept sogar zwei Stellplätze für Rollstühle vorgehalten. Der Ausstieg/Zustieg der dargestellten Person mit Rollstuhl hängt von der Körperhaltung des abgebildeten regelmäßigen Busnutzers bzw. Berufspendlers (grau/magenta) ab, ggfs. muss diese Person vom Klappsitz aufstehen um den Transfer des Rollstuhlfahrers zu ermöglichen. Die Positionierung der regelmäßigen Busnutzer bzw. Berufspendler entsprechend der Anforderungen ist unproblematisch.

Zusammenfassung und Diskussion

Die vorliegende Abhandlung skizziert, wie das Interieur eines ÖPNV-Fahrzeugs systematisch unter Berücksichtigung wesentlicher Themengebiete generiert und nutzerzentriert aufgebaut werden kann. Das Gestaltungsraster bildet dabei das auf Hauptanforderungen basierende Maßkonzept in dem auslegungskritische Grenzperzentile abgebildet sind. Es wird im Detail darauf eingegangen wie das Fahrzeuginterieur unter Verwendung von Personas, die im Verbund auslegungskritische Nutzungssituationen repräsentieren, virtuell abgesichert werden kann.

Als Modellierungsgrundlage der kritischen Nutzungsszenarien dienen Beobachtungen, die während des Linienbusbetriebs zu Beginn des Projekts durchgeführt wurden, da zu diesem Zeitpunkt der bedarfsgerechte Busbetrieb noch nicht umgesetzt war. Diese Beobachtungen sind qualitativer Natur und statistisch unbelegt. Es kann davon ausgegangen werden, dass sich der bedarfsgerechte Busbetrieb auch auf die kritischen Auslegungsszenarien auswirkt. In der Folge ist eine statistische Auswertung der initialen Beobachtungen nicht zielführend.

Eine Validierung der kritischen Nutzungsszenarien ist dennoch erforderlich und prinzipiell möglich seitdem der Busbetrieb in Schorndorf bis nahezu zum Projektende am Wochenende bedarfsgerecht organisiert ist. Da das Nutzungsszenario 1 „Morgens“ den Berufsverkehr an Werktagen abbilden soll ist die Validierung dieses Szenarios im bedarfsgerechten Wochenendbetrieb nicht möglich.

Die Absicherung eines Fahrzeuginterieurs unter Berücksichtigung von auslegungskritischen Nutzungsszenarien ist nicht aufwandsneutral. Organisatorisch wird sie durch eine Absicherungsschleife umgesetzt, das heißt, dass die Personas unter Berücksichtigung der Vorgaben im konzipierten bzw. konstruierten Fahrzeuginterieur positioniert und orientiert werden und anschließend eine Bewertung durchgeführt wird die als Grundlage für Modifikationen dienen kann. Eine Anwendung der Nutzungsszenarien als Auslegungsgrundlage ist prinzipiell möglich, wenn die Positionierung von Personen und Gegenständen eindeutig im Maßkonzept definiert d. h. invariant ist.

Ausblick

In der vorhergehenden Ausführung wurde auf die Notwendigkeit der Validierung von auslegungskritischen Nutzungssituationen eingegangen. Ein Ziel der anstehenden Entwicklungsaktivitäten ist es diese Validierung im bedarfsgerechten Busbetrieb in Schorndorf durchzuführen. Zudem ist die Harmonisierung des Fahrzeugkonzepts in der Entwurfsphase noch nicht abgeschlossen und wird aktuell mit Priorität herbeigeführt. Eine weitere zentrale Absicht ist es mit den Bürgern Schorndorfs, die über das Teilprojekt „Bürgerbeteiligung“ maßgebenden Einfluss auf die Fahrzeugentwicklung genommen haben, das

Entwicklungsergebnis zu diskutieren. Dazu ist es geplant im Rahmen einer Ausstellung in Schorndorf die wesentlichen Entwicklungsgebiete und -ergebnisse vorwiegend in Form von maßstabsgerechten Modellen zu präsentieren.

Danksagungen

Die Autoren bedanken sich auch im Namen des Projektkonsortiums für die Förderung und die Fördermittel des Ministeriums für Wissenschaft, Forschung und Kunst.

Baden-Württemberg

MINISTERIUM FÜR WISSENSCHAFT, FORSCHUNG UND KUNST

WISSENSCHAFT NACHHALTIGKEIT

Quellen

[1] INRIX: INRIX Global Traffic Scorecard. Internet 07. März 2018 (http://inrix.com/scorecard/)

[2] TomTom: TomTom Traffic Index. Internet 07. März 2018 (https://www.tomtom.com/en_gb/trafficindex/)

[3] Ministerium für Wissenschaft, Forschung und Kunst Baden-Württemberg (MWK): Baden-Württemberg fördert Reallabore. Internet 16. Januar 2017 (https://mwk.baden-wuerttemberg.de/de/forschung/forschungspolitik/wissenschaft-fuer-nachhaltigkeit/reallabore/)

[4] Projektkonsortium Reallabor Schorndorf: Reallabor Schorndorf – Nächster Halt: Sie.. Internet 24.01.2017 (http://www.reallabor-schorndorf.de/)

[5] Der Spiegel: Kleine Grüne. In: Der Spiegel. Nr. 12/1981, S. 107-109, (http://www.spiegel.de/spiegel/print/d-14319388.html).

[6] Helsinki Regional Transport Authority (HSL): Kutsuplus – Final Report. 2016 (https://www.hsl.fi/sites/default/files/uploads/8_2016_kutsuplus_finalreport_english.pdf).

[7] gbk – Gütegemeinschaft Buskomfort e.V.: Kriterien zur Klassifizierung des RAL Gütezeichens Buskomfort. https://www.buskomfort.de/guetezeichen/kriterien.html, 28.09.2017.

[8] Bubb, H., Bengler, K., Grünen, R. E. und Vollrath, M. (Hrsg.): Automobilergonomie, ATZ / MTZ Fachbuch. Wiesbaden: Springer Vieweg Verlag, 2015.

[9] Schmid, S.; Maier, T.: Technisches Interfacedesign, Anforderungen, Bewertung und Gestaltung. Berlin: Springer Vieweg Verlag, 2017.

[10] Baumann, K.: Personas as a user-centred design method for mobility-related services. Information Design Journal 18(2), 2010, S. 157-167.

[11] Hörold, S., Kühn, R., Mayas, C. und Schlegel, T.: Interaktionspräferenzen für Personas im öffentlichen Personenverkehr. In: Eibl, M. (Hrsg.): Mensch & Computer 2011: 11. fachübergreifende Konferenz für interaktive und kooperative Medien. überMEDIEN ÜBERmorgen, 11.-14.09.2011 Chemnitz, München: Oldenbourg Verlag, S. 367-370.

[12] IP-KOM-ÖV: 07/08 2011 Der Nahverkehr. Publikation Projekt „Internet Protokoll basierte Kommunikationsdienste im Öffentlichen Verkehr“ (IP-KOM-ÖV), 2011.

[13] Miaskiewicz, T. und Kozar, K. A.: Personas and user-centered design: How can personas benefit product design processes? Design Studies 32(5), 2011, S. 417-430.

[14] Pruitt, J. S. und Adlin, T. (Hrsg.): The persona lifecycle: keeping people in mind throughout product design. Amsterdam [u.a.]: Elsevier, 2006.

[15] Pruitt, J. und Grudin, J.: Personas: practice and theory. In: Proceedings of the 2003 conference on Designing for user experiences, 06.-07.06.2003 San Francisco, California, S. 1-15.

[16] VDI 2221. 1993-05. Methodik zum Entwickeln und Konstruieren technischer Systeme und Produkte.

[17] Klötzke, M., Brost, M., Fraedrich, E.-M., Gebhardt, L., Karnahl, K., Kopp, G., König, A., Müller, A., Sippel, T., Ulmer, F.: BOOLEAN – Ein haltestellenloses Quartiersbussystem für Schorndorf. mobilität – 9. Wissenschaftsforum 2017, Mobility and Digital Transformation – Challenges and Future Paths, Duisburg, 2017.

[18] Ludwig, J. N.: Absicherung eines neuartigen Interieur-Maßkonzeptes für ein Fahrzeug des ÖPNV. Bachelorarbeit Hochschule Esslingen, Fakultät Fahrzeugtechnik, 2017, unveröffentlicht.

FAHRZEUGKONZEPTE II

Hybrider Leichtbau im Cockpit der Zukunft

Uwe Reske, IAV

automotive engineering iav
Hybrider Leichtbau im Cockpit der Zukunft
Karosseriebautage Hamburg, 8. und 9. Mai 2018
Uwe Reske, IAV

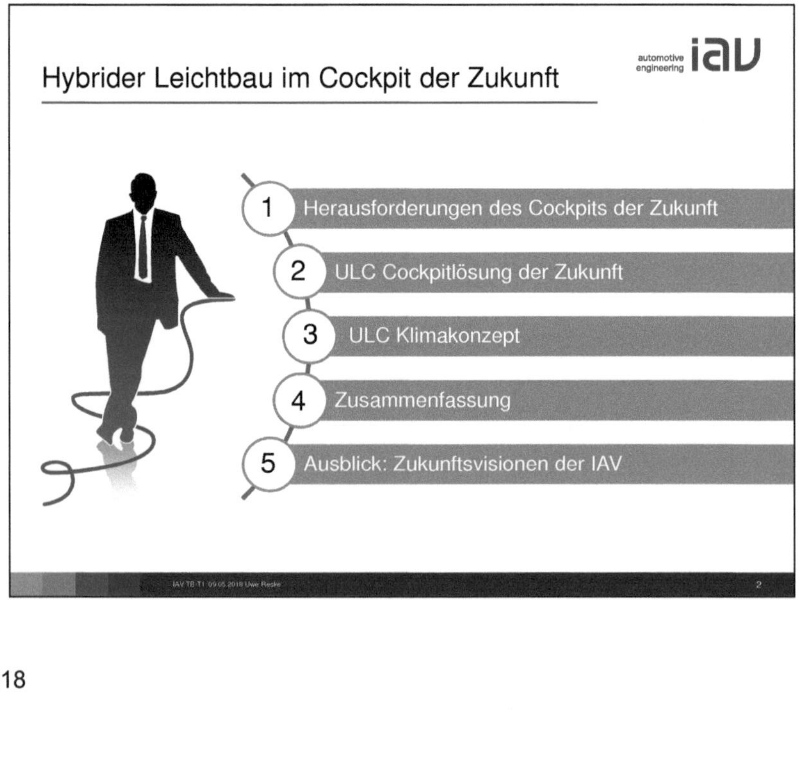
Hybrider Leichtbau im Cockpit der Zukunft
automotive engineering iav
1 Herausforderungen des Cockpits der Zukunft
2 ULC Cockpitlösung der Zukunft
3 ULC Klimakonzept
4 Zusammenfassung
5 Ausblick: Zukunftsvisionen der IAV

Hybrider Leichtbau im Cockpit der Zukunft

automotive engineering iav

1. Herausforderungen des Cockpits der Zukunft

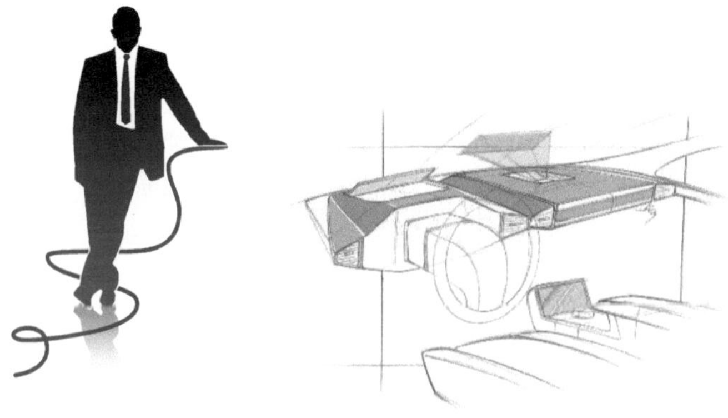

IAV TB-T1 09.05.2018 Uwe Reske 3

Hybrider Leichtbau im Cockpit der Zukunft

automotive engineering iav

Herausforderungen des Cockpits der Zukunft

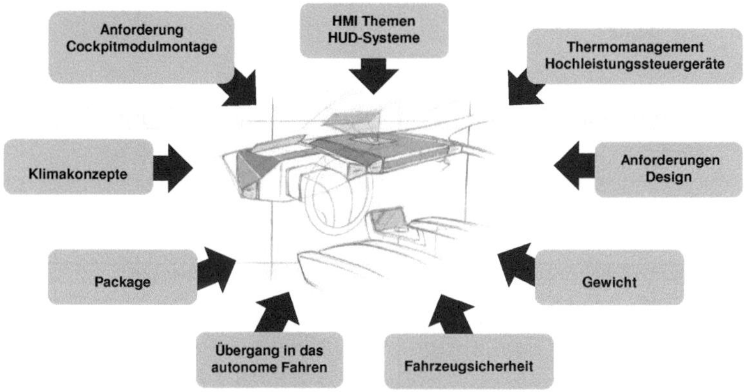

IAV TB-T1 09.05.2018 Uwe Reske 4

automotive engineering iav
Hybrider Leichtbau im Cockpit der Zukunft
2 ULC Cockpitlösung der Zukunft

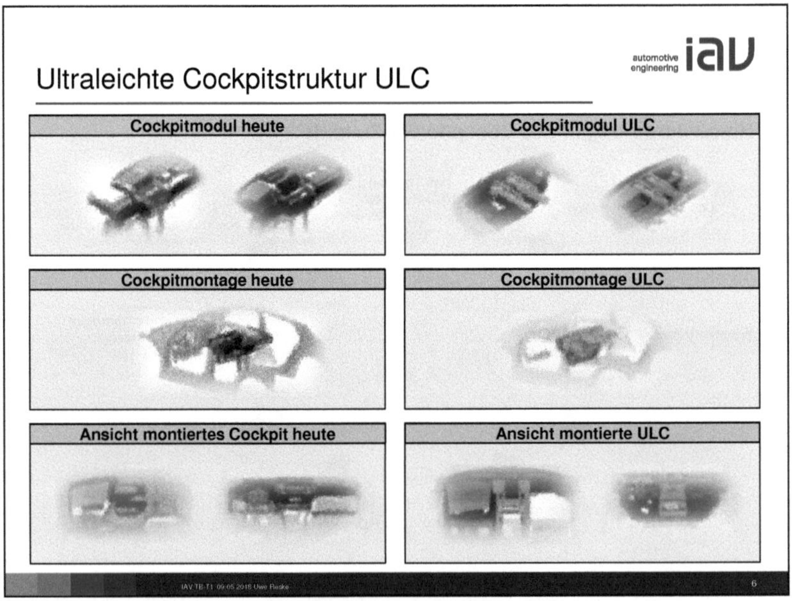
automotive engineering iav
Ultraleichte Cockpitstruktur ULC
Cockpitmodul heute
Cockpitmodul ULC
Cockpitmontage heute
Cockpitmontage ULC
Ansicht montiertes Cockpit heute
Ansicht montierte ULC

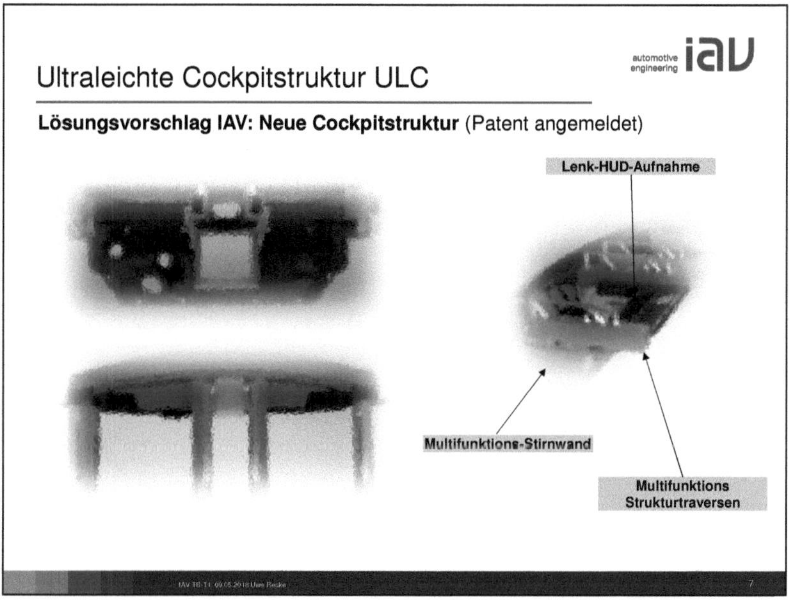
automotive engineering iav
Ultraleichte Cockpitstruktur ULC
Lösungsvorschlag IAV: Neue Cockpitstruktur (Patent angemeldet)
Lenk-HUD-Aufnahme
Multifunktions-Stirnwand
Multifunktions Strukturtraversen
7

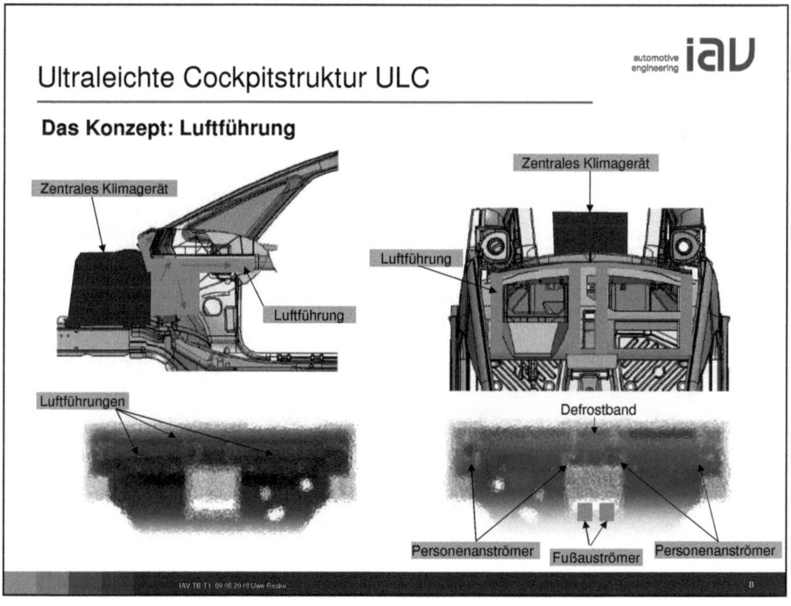
automotive engineering iav
Ultraleichte Cockpitstruktur ULC
Das Konzept: Luftführung
Zentrales Klimagerät
Luftführung
Zentrales Klimagerät
Luftführung
Luftführungen
Defrostband
Personenanströmer
Fußausströmer
Personenanströmer
8

automotive engineering iav

Ultraleichte Cockpitstruktur ULC

ZSB Cockpit:

ZSB Stirnwand

Blendenträger

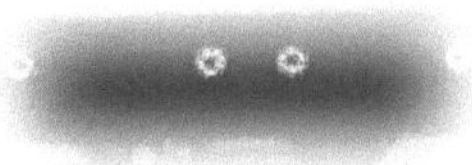

ZSB Cockpit

Blende Oberteil

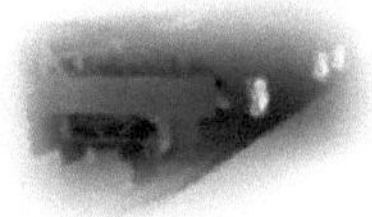

IAV TB-T1 09.05.2018 Uwe Reske 9

automotive engineering iav

Ultraleichte Cockpitstruktur ULC

Nr.	Bauteil	Material	Gewicht
1	Stirnwand außen	Steel	3960 g
2	Stirnwand innen	PA-GF30	1570 g
3	Traversen (4x)	FV PP-GF30	1920 g
4	Lenkungskonsole	AM 50	1150 g
5	Zentraldefroster	Trocell	200 g
6	Luftkanal Personen	Trocell	200 g
7	Grundkörper	PP	ohne
	Total		9000 g

Je nach Lastfalleigenschaften ist ein metallischer oder hybrider Werkstoff einsetzbar

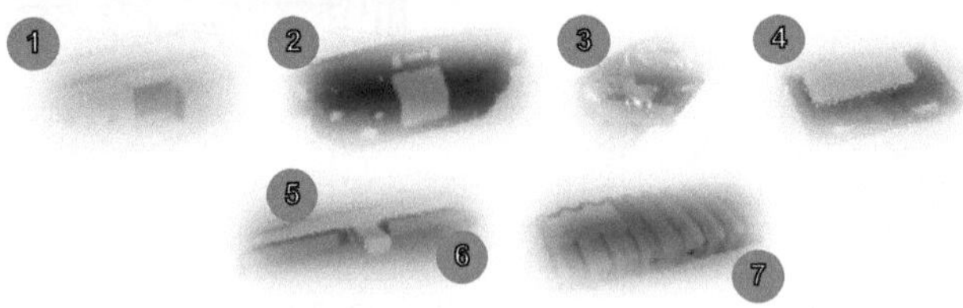

IAV TB-T1 09.05.2018 Uwe Reske 10

Ultraleichte Cockpitstruktur ULC

automotive engineering iav

Funktionsintegration

Stirnwand

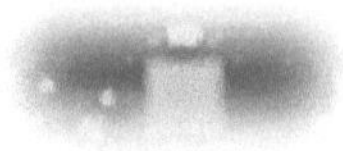

- Cockpitstruktur
- Luftführungen
- Teilkonturen FHW
- Aufnahme Elektrikkomponenten
- Thermomanagement E-Komponenten
- Dämmung

Lenk-und HUD-Konsole

- Aufnahme HUD und Lenksäule
- Niedrige Toleranzkette HUD- Position
- Großer Verbaukorridor

Strukturkonsolen

- Cockpitstruktur
- Aufnahme Oberteil
- X-Lage Airbagmodul
- Geradlinige Luftführung
- Luftklappenintegration
- PTC–Integration
- Ionisierung

11

Ultraleichte Cockpitstruktur ULC

automotive engineering iav

Leichtbaupotenzial:

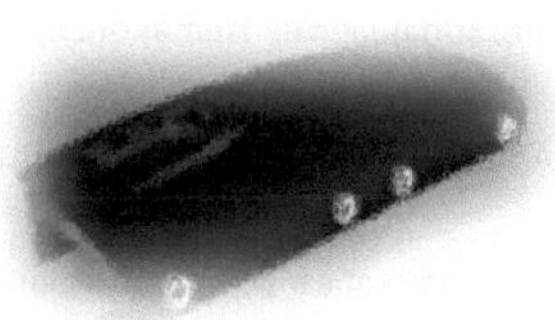

Konzept Klassisch
ca.13,0 Kg

Konzept ULC
ca. 9,0 Kg

12

Ultraleichte Cockpitstruktur ULC

automotive engineering iav

3. ULC Klimakonzept (Patent angemeldet)

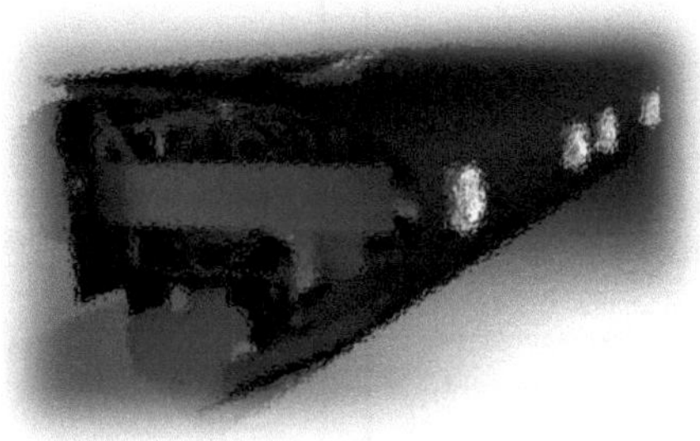

13

Ultraleichte Cockpitstruktur ULC

automotive engineering iav

3. ULC Klimakonzept

- **Personalisiertes Klimakonzept**
- **Abtastung der Körpertemperatur**
- **Automatisches Temperaturmanagement**
- **Automatische Luftstromrichtung**

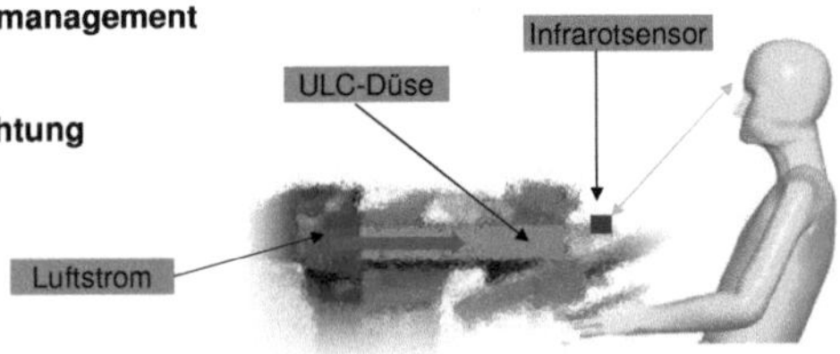

14

Ultraleichte Cockpitstruktur ULC

3. ULC Klimakonzept

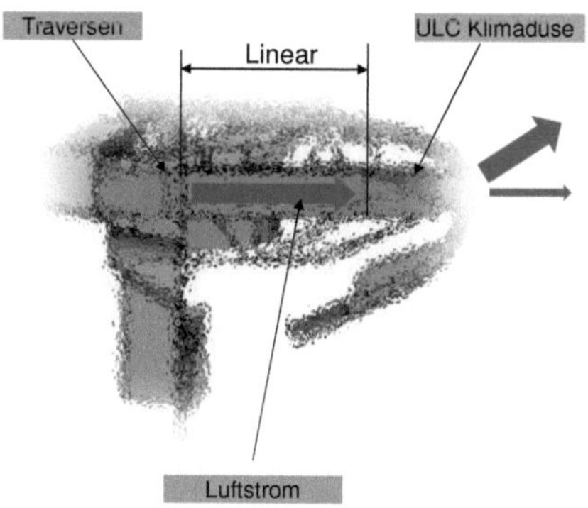

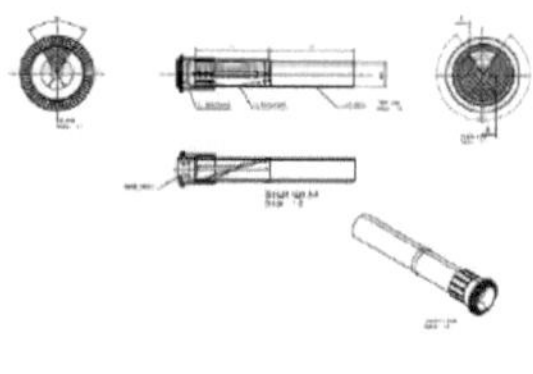

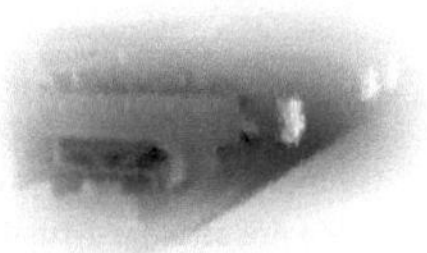

IAV TB-T1 09.05.2018 Uwe Recke 15

Ultraleichte Cockpitstruktur ULC

CFD Simulation:

Geschwindigkeitsfeld mit Spiralgeometrie bei 50 $^{m^3}/_{h}$

- **Strömungsgeschwindigkeitsunterschied im Bereich der Verengung günstig**
- **Geringes Anlegen der Strömung im unteren Bereich**
- **Leichte Fächerung der Strömung im Bereich der Düse**
- **Richtung der Strömung nach oben**

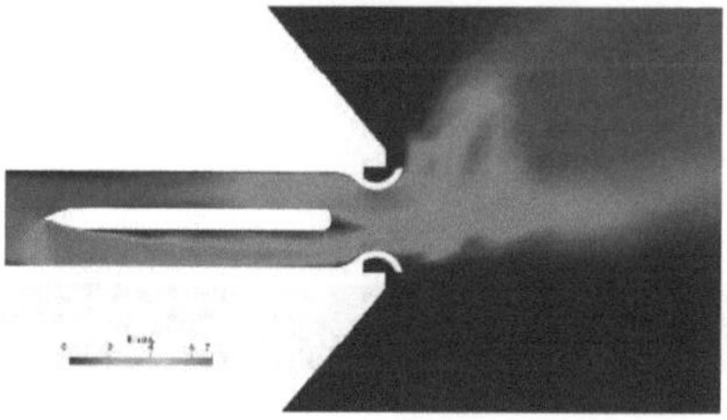

IAV TB-T1 09.05.2018 Uwe Recke 16

Ultraleichte Cockpitstruktur ULC

Stromliniendarstellung bei 50 $^{m^3}/_{h}$

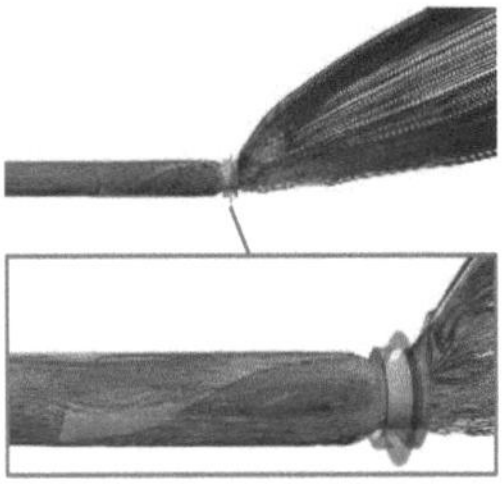

- **Richtbarer Strömungseffekt**
- **Geringes Auffächerungsverhalten**
- **Leise Ausströmer-Akustik**

Stromliniendarstellung 300 $^{m^3}/_{h}$

- **Große Auffächerung der Strömung**
- **Verwirbelungsarme Strömung**
- **Anlehnung des Luftstrom an Düsenkontur**

Ultraleichte Cockpitstruktur ULC

CFD Simulation Klimadüse:

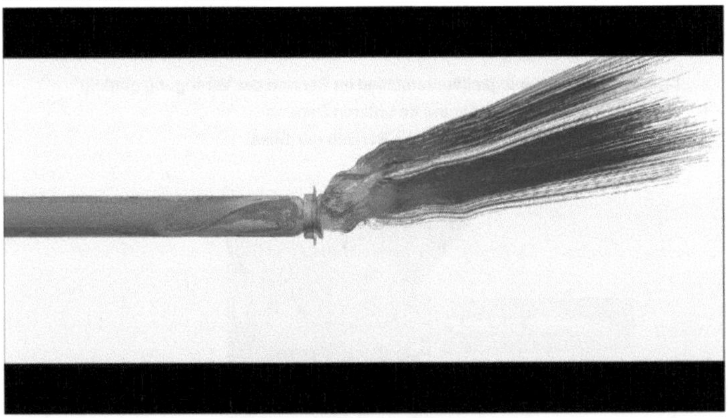

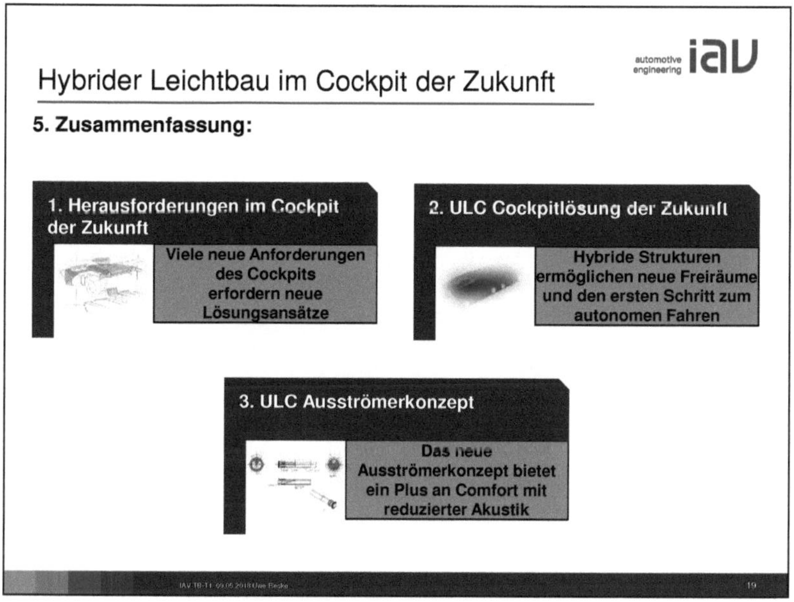
automotive engineering iav
Hybrider Leichtbau im Cockpit der Zukunft
5. Zusammenfassung:
1. Herausforderungen im Cockpit der Zukunft
Viele neue Anforderungen des Cockpits erfordern neue Lösungsansätze
2. ULC Cockpitlösung der Zukunft
Hybride Strukturen ermöglichen neue Freiräume und den ersten Schritt zum autonomen Fahren
3. ULC Ausströmerkonzept
Das neue Ausströmerkonzept bietet ein Plus an Comfort mit reduzierter Akustik
19

automotive engineering iav
Ultraleichte Cockpitstruktur ULC
6. Ausblick: Zukunftsvisionen der IAV
20

automotive engineering iav

Vielen Dank

IAV GmbH

Rockwellstraße 3, 38518 Gifhorn

Uwe Reske
Telefon +49 5371 80-52527

uwe.reske@iav.de

www.iav.com

Fragen:

automotive engineering iav

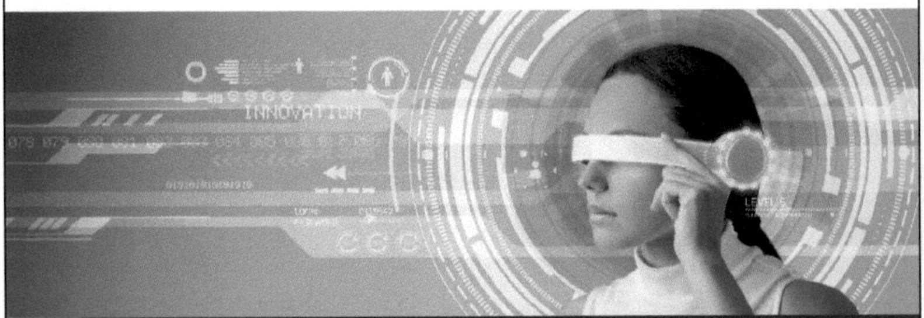

IAV TB-T1 20.02.2018 Uwe Reske 22

MIX
Papier aus verantwortungsvollen Quellen
Paper from responsible sources
FSC® C105338

If you have any concerns about our products,
you can contact us on
ProductSafety@springernature.com

In case Publisher is established outside the EU,
the EU authorized representative is:
Springer Nature Customer Service Center GmbH
Europaplatz 3, 69115 Heidelberg, Germany

Printed by Libri Plureos GmbH
in Hamburg, Germany